Der allmächtige Informatiker

Der englische Astrophysiker Sir James Hopwood Jeans (1877 - 1946) lehrte als Professor für Angewandte Mathematik in Cambridge und auf der Princeton University in New Jersey. Er leistete wichtige Beiträge in vielen Bereichen der Physik, unter anderem in der Quantenmechanik. Auf astrophysikalischem Gebiet erforschte er die Dynamik der Sternsysteme und den inneren Aufbau der Sterne. Zusammen mit Arthur Eddington ist er ein Mitbegründer der britischen Kosmologie.

Der Naturwissenschaftler Dipl.-Math. Klaus-Dieter Sedlacek, Jahrgang 1948, studierte in Stuttgart neben Mathematik und Informatik auch Physik. Nach fünfundzwanzig Jahren Berufspraxis in der eigenen Firma widmet er sich nun seinen privaten Forschungsvorhaben und veröffentlicht die Ergebnisse in allgemein verständlicher Form. Darüber hinaus ist er der Herausgeber mehrerer Buchreihen unter anderem der Reihen 'Wissenschaftliche Bibliothek' und 'Wissen gemeinverständlich'.

Sir James Jeans

Der allmächtige Informatiker

Das Mysterium des Universums

Neu übersetzt aus dem Englischen
von
Klaus-Dieter Sedlacek

Wissen gemeinverständlich Bd. 11

Bibliografische Information Der Deutschen Bibliothek:
Die Deutsche Bibliothek verzeichnet diese Publikation
in der Deutschen Nationalbibliografie; detaillierte
bibliografische Daten sind im Internet über
http://dnb.ddb.de
abrufbar.

Neu-Übersetzung aus dem Englischen

Cover, Buchblock und Inhalt: Klaus-Dieter Sedlacek
Internet: http://klaus-sedlacek.de
© 2017
Herstellung und Verlag: BoD – Books on Demand,
Norderstedt.
ISBN: 9783744836609

Inhaltsverzeichnis

1. Die sterbende Sonne..12
2. Die neue Welt der modernen Physik...29
3. Materie und Strahlung...69
4. Die Relativität und das Kontinuum des Universums......................109
5. Ein Lichtschimmer auf tief verborgene Geheimnisse.....................152

TAFEL I, DIE TIEFEN DES RAUMES

Ein Cluster von Nebeln im Hubble Ultra Deep Field.. Dies ist ein Foto von einem winzigen Stück des Himmels, aufgenommen vom Hubble-Weltraumteleskop. Die Mehrheit der Objekte sind Nebelflecke, in einer Entfernung, dass ihr Licht viele Millionen Jahre braucht, um uns zu erreichen. Jeder Nebel enthält einige Milliarden Sterne oder das Material für ihre Entstehung. Im Bereich des Bildes befinden sich tausende von Galaxien (Nebeln) und es gibt Milliarden andere außerhalb des Bereichs.

VORWORT

Das vorliegende Buch enthält eine Erweiterung des Vortrags, der von mir an der Universität von Cambridge gehalten wurde.

Es ist eine weitverbreitete Überzeugung, dass die heutigen Lehren der Astronomie und der Physik dazu geeignet sind, eine immense Veränderung unserer Ansichten über das Universum als Ganzes und über die Bedeutung des menschlichen Lebens hervorzubringen. Die Frage, um die es geht, ist letztlich eine für die philosophische Diskussion, aber bevor die Philosophen das Recht bekommen, ihre Ansichten zu äußern, sollte zuerst die Naturwissenschaft alles vorlegen, was sie zu den Tatsachen und vorläufigen Hypothesen zu sagen hat. Dann und dann nur, darf die Diskussion legitimerweise in die Bereiche der Philosophie übergehen.

Mit einigen solchen Erwägungen schrieb ich das vorliegende Buch, von häufigen Zweifeln gequält, ob ich eine Ergänzung zu der großen Menge, die bereits über das Thema geschrieben wurde, rechtfertigen konnte. Ich kann keine besondere Qualifikation beanspruchen, die über die sprichwörtlich vorteilhafte Position des bloßen Zuschauers hinausgehen. Ich bin kein Philosoph, weder durch Übung noch Neigung, und seit vielen Jahren liegt meine wissenschaftliche Arbeit außerhalb der Arena der einander widerstreitenden physikalischen Theorien.

Die ersten vier Kapitel, die den Hauptteil des Buches bilden, enthalten kurze Gespräche über solche wissenschaftlichen Fragen, die mir interessant erscheinen und nützliches Material für die Diskussion über das ultimative philosophische Problem liefern. So weit wie möglich habe ich vermieden, den Inhalt meines früheren Buchs *(„The Universe around us")* zu wiederholen, weil ich hoffe, dass das vorliegende Buch als Fortsetzung davon gelesen werden kann. Aber eine Ausnahme wurde zugunsten jenes Materials gemacht, das für das Hauptargument wesentlich ist, um den vorliegenden Text in sich zu vervollständigen. Das letzte Kapitel steht auf einer anderen Ebene. Jeder kann das Recht beanspruchen, seine eigenen Schlüsse aus den Fakten der modernen Wissenschaft zu ziehen. Dieses Kapitel enthält nur jene Interpretationen, die ich, als ein Fremder in den Bereichen des philosophischen Denkens, auf der Basis der wissenschaftlichen Tatsachen und Hypothesen zu geben vermag, die im Hauptteil des Buches besprochen wurden. Viele werden damit nicht einverstanden sein - es wurde zu dem Zweck geschrieben, die Diskussion darüber anzuregen.

J. H. Jeans

Bei der Vorbereitung einer zweiten Auflage habe ich versucht, die wissenschaftliche Seite der ersten vier Kapitel auf den neuesten Stand zu bringen und alle Unklarheiten meiner Argumentation zu entfernen. Ich fand mit Bedauern, dass gewisse Passagen im ursprünglichen Buch in verschiedenen unerwarteten Weisen missverstanden, fehlinterpretiert und sogar falsch zitiert wurden. Einige dieser Passagen wurden umgeschrieben und einige verstärkt. Hier und da sind neue Absätze, gelegentlich sogar ganze Seiten, in der Hoffnung hinzugefügt worden, die Argumentation klarer zu machen.

J. H. Jeans

Genauso wie der Autor Jeans bei seiner zweiten Auflage versucht hat, die wissenschaftliche Seite auf den aktuellen Stand zu bringen, habe ich das nun bei dieser Neuübersetzung aus dem Englischen durchgeführt. Einige Begriffe, mit denen Jeans die unbelebte Natur zu sehr vermenschlicht hat, wurden von mir durch sinngemäße Formulierungen ersetzt, welche die Natur sachlicher und moderner beschreiben. Somit bietet diese aktuell gebliebene Neuübersetzung nach wie vor einen Lichtblick bei der Entschlüsselung der Geheimnisse unseres Universums.

Klaus-Dieter Sedlacek

Und jetzt, sagte ich, lass mich dir in einem Bild zeigen, wie weit unsere Natur erleuchtet oder nicht erleuchtet ist: - Schau! Menschen, die in einer unterirdischen Höhle leben, die eine Öffnung zum Licht hat, das die ganze Höhle erreicht. Hier sind sie seit ihrer Kindheit gewesen und haben ihre Beine und Hälse angekettet, damit sie sich nicht bewegen können und nur nach vorne sehen können, indem sie von den Ketten daran gehindert werden, ihre Köpfe zu drehen. Über und hinter ihnen brennt ein Feuer in der Ferne, und zwischen dem Feuer und den Gefangenen ist ein erhöhter Weg. Und es gibt eine niedrige Mauer, die auf dem Weg gebaut wurde, wie ein Schirm, den Marionettenspieler vor sich haben, über den sie Puppen zeigen.

Ich verstehe.

Und siehst du, sagte ich, Männer pausieren an der Stelle, halten alle möglichen Gerätschaften hoch, sowie Statuen, Tierfiguren aus Holz und Stein und verschiedenen Materialien, die alle über der Mauer erscheinen ...

Du hast mir ein seltsames Bild gezeigt, und es sind seltsame Gefangene.

Wie wir selbst, antwortete ich.

Und sie sehen nur ihre eigenen Schatten, oder die anderen Schatten, die das Feuer auf die entgegengesetzte Wand der Höhle wirft?

Das ist wahr. Wie könnten sie auch etwas anderes sehen, außer Schatten, wenn es ihnen niemals erlaubt war ihre Köpfe zu bewegen?

Und von den Gegenständen, die getragen werden, sehen sie auch nur die Schatten?

Ja, sagte ich. Für sie ist die Wirklichkeit buchstäblich nichts als die Schatten der Bilder.

PLATO, Republik, Buch VII

1. Die sterbende Sonne

Uns sind Sterne bekannt, die kaum größer als die Erde sind, aber die Mehrzahl ist so groß, dass Hunderte oder Tausende Erden in jeden dieser Sterne hineinpassen. Hier und da treffen wir auf einen riesigen Stern, der groß genug ist, um sogar Billionen Erden enthalten zu können. Und die Gesamtzahl der Sterne im Universum ist wahrscheinlich vergleichbar mit der Gesamtzahl der Sandkörner aller Meere der Welt. So winzig ist unser Zuhause im Weltraum, wenn man es gegen die Gesamtsubstanz des Universums misst.

Diese riesige Menge an Sternen wandert im Raum umher. Ein paar bilden Gruppen und reisen in Gesellschaft, aber die Mehrheit sind einsame Reisende. Und sie reisen durch ein Universum, das so geräumig ist, dass es für einen Stern ein Ereignis von fast unvorstellbarer Seltenheit ist, irgendwo in der Nähe eines anderen Sterns zu kommen. Der größte Teil jeder Reise findet in leuchtender Einsamkeit statt, wie ein Schiff auf einem leeren Ozean. In einem Maßstabsmodell, in dem die Sterne Schiffe sind, wird das durchschnittliche Schiff weit über eine Million Meilen von seinem nächsten Nachbarn entfernt sein, weshalb man leicht verstehen kann, warum ein Schiff selten ein anderes in greifbarer Nähe findet.

Die sterbende Sonne

Wir glauben dennoch, dass vor mehr als viereinhalb Milliarden Jahren dieses seltene Ereignis stattfand, und dass ein zweiter Stern, der blind durch den Weltraum wanderte, zufällig in die Nähe unserer Sonne kam. So wie die Sonne und der Mond die Gezeiten auf der Erde hervorrufen, so muss dieser zweite Stern auf der Oberfläche der Sonne Gezeiten hervorgerufen haben. Aber sie waren ganz anders als die schwachen Gezeitenberge, die durch die kleine Masse des Mondes in unseren Ozeanen verursacht werden. Eine riesige Flutwelle muss über die Oberfläche der Sonne gewandert sein und letztlich einen Berg von erstaunlicher Höhe gebildet haben, der immer höher und höher anstieg, sobald die Ursache der Störung näher und näher kam. Und bevor der zweite Stern begann, sich zurückzuziehen, wurden die Gezeitenfluten so stark, dass es diese Flutberge in Stücke zerriss und kleine Bruchstücke abspritzten, so wie der Kamm einer Welle Schaum ausspritzt. Diese kleinen Fragmente umkreisen seither ihre Mutter, die Sonne. Es sind die großen und kleinen Planeten, von denen einer unsere Erde ist.[1]

Die Sonne und die anderen Sterne, die wir am Himmel sehen, sind alle sehr heiß - viel zu heiß für das Leben, um in der Lage zu sein, einen Fuß auf ihnen zu setzen. So heiß waren auch ohne Zweifel die ausgestoßenen Bruch-

---

[1] **Anm. d. Übers.:** Diese Ansicht des Autors über die Entstehung der Erde konnte sich nicht allgemein durchsetzen. Heute nimmt man an, dass die Entstehungsgeschichte der Erde direkt mit der Entstehungsgeschichte der Sonne zusammenhängt.

stücke der Sonne, als sie ursprünglich ausgeworfen wurden. Allmählich kühlten sie ab, bis jetzt haben sie nur noch wenig innere Hitze übrig, während ihre Wärme fast vollständig von der Strahlung stammt, die die Sonne auf sie strömen lässt. Im Laufe der Zeit, wir wissen nicht genau wie, wann oder warum, hat zumindest eines dieser sich abkühlenden Fragmente das Leben hervorgebracht. Es begann mit relativ einfachen biochemischen Strukturen, deren wichtigste Fähigkeit die Vermehrung war. Aber aus diesen bescheidenen Anfängen entstand ein Strom des Lebens, der immer größere und größere Komplexität hervorbrachte, und jetzt in Wesen mündet, deren Leben sich weitgehend in ihren Gefühlen und Ambitionen, ihren ästhetischen Wertschätzungen und diversen Religionen, in denen ihre höchsten Hoffnungen und Bestrebungen liegen, ausdrückt.

Obwohl wir keineswegs von Gewissheit sprechen können, scheint es höchstwahrscheinlich, dass die Menschheit in einer solchen Weise entstanden ist. Stehend auf unserem mikroskopischen Fragment eines Sandkornes, versuchen wir die Natur und den Zweck des Universums zu entdecken, das unser Haus in Raum und Zeit umgibt. Der erste Eindruck erschreckt uns. Wir finden das Universum schrecklich wegen seiner gewaltigen bedeutungslosen Distanzen, und wegen seiner unvorstellbar langen Zeiträume, die die menschliche Geschichte zu einem Augenzwinkern degradiert. Wegen unserer extremen Einsamkeit und der materiellen Bedeutungslosigkeit unseres Hauses im Weltraum wirkt das alles erschreckend. – Wir sind wie ein millionstel Teil eines Sandkorns aus dem ganzen Meeressand der Welt. Aber vor allem finden wir das Universum schrecklich, weil es dem Leben gegenüber, insbesondere unserem eigenen, gleichgültig zu sein scheint. Emotionen, Ehrgeiz und Leistung, Kunst und Religion scheinen dem Plan des Universums gleichermaßen fremd zu sein. Vielleicht sollten wir ja sagen, es scheint dem Leben, insbesondere unserem eigenen, besonders feindlich zu sein. Zum größten Teil ist der leere Raum so kalt, dass alles Leben in ihm einfrieren würde. Die meiste Materie im Weltraum ist zudem so heiß, dass Leben auf ihr unmöglich ist. Astronomische Körper werden ständig mit Strahlung bombardiert, die den Raum durchquert und wahrscheinlich zum größten Teil lebensfeindlich oder zerstörend wirkt.

In ein solches Universum sind wir hineingestolpert, wenn auch nicht aus Versehen, sondern zumindest als Ergebnis dessen, was man richtigerweise als Zufall bezeichnen kann. Die Verwendung eines solchen Wortes braucht nicht die Überraschung über die Existenz unserer Erde einzuschließen, denn Zufälle passieren, und wenn das Universum lange genug weitergeht, wird jeder denkbare Zufall wahrscheinlich rechtzeitig passieren. Es war, glaube ich, Huxley, der sagte, dass sechs Affen, die sich für Millionen von Millionen Jahren im Unverstand auf Schreibmaschinen stürzen, im Laufe der Zeit alle im Britischen Museum enthaltenen Bücher schreiben. Wenn wir die letzte Seite untersuchten, die ein bestimmter Affe getippt hatte, und finden, dass er in seinem blinden Tippen ein Shakespeare-Sonett geschrieben hat, sollten wir das Ereignis tatsächlich als einen bemerkenswerten Zufall betrachten, aber wenn wir alle Millionen von Seiten durchschauten, welche die Affen in ungezählten Millionen Jahren beiseitegelegt hatten, wir könnten sicher sein, ein Shakespeare-Sonett irgendwo unter diesen zu finden. Das Produkt ist ein Spiel des blinden Zufalls, das deshalb zwangsläufig auftritt, weil die Affen über so lange Zeiträume tippen. In gleicher Weise wird für Millionen von Millionen von Sternen, die blind durch den Raum für Millionen von Millionen Jahren wandern, zwangsläufig jeder Zufall eintreten. Eine begrenzte Zahl wird zwangsläufig, auf den besonderen Zufall treffen, der Planetensysteme ins Leben ruft. Dennoch zeigt die Berechnung, dass die Zahl dieser im Durchschnitt sehr viel kleiner ist im Vergleich zu der Gesamtzahl der Sterne am Himmel. Planetensysteme müssen seltenere Objekte im Raum sein.

Diese Seltenheit der Planetensysteme ist von Bedeutung, denn so weit wie wir sehen können, kann das Leben der Art, die wir auf der Erde kennen, nur auf Planeten wie der Erde entstehen. Es braucht geeignete physikalische Bedingungen für sein Auftreten, die wichtigste davon ist eine Temperatur, bei der Substanzen im flüssigen Zustand vorhanden sein können.

Die Sterne selbst sind ungeeignet, da sie viel zu heiß sind. Wir können sie uns vorstellen als eine riesige Ansammlung von Feuerstellen, die im ganzen Raum verstreut sind und Hitze in einem Klima liefern, das höchstens etwa drei Grad über dem absoluten Nullpunkt liegt – minus 273 °C - und in den weiten Raumstrecken jenseits der Milchstraße sicher noch etwas niedriger ist. Abseits des Feuers existiert diese unvorstellbare Kälte von Hunderten von Frostgraden. In ihrer Nähe dagegen liegt die Temperatur bei Tausenden von Graden, bei der alle Feststoffe schmelzen, alle Flüssigkeiten kochen.

Das Leben kann nur in einer schmalen, gemäßigten Zone existieren, die jedes dieser Feuer in einer ganz bestimmten Entfernung umgibt. Außerhalb dieser Zonen würde das Leben einfrieren. Drinnen würde es zusammenschrumpfen. Bei einer groben Berechnung sind diese Zonen, in denen das Leben möglich ist, alle zusammen addiert, weniger als den tausend billionsten Teil des ganzen Raumes.

Wir wissen nicht, ob geeignete physikalische Bedingungen schon ausreichen, um das Leben zu produzieren. Eine der Denkschulen hält es für fast unvermeidlich, nachdem die Erde allmählich abgekühlt ist, dass das Leben entsteht. Eine andere ist der Meinung, dass nach dem einen Zufall der die Erde ins Leben gerufen hatte, ein zweiter notwendig war, um biologisches Leben entstehen zu lassen. Die materiellen Bestandteile eines lebenden Körpers sind alles gewöhnliche chemische Atome - Kohlenstoff, wie wir ihn im Ruß finden; Wasserstoff und Sauerstoff, wie diese im Wasser vorkommen; Stickstoff, welcher den größten Teil der Atmosphäre bildet; und so weiter. Jede Art von Atom, die für das Leben notwendig ist, muss auf der neugeborenen Erde existiert haben. Gelegentlich kann es vorkommen, dass sich eine Gruppe von Atomen in der Art und Weise arrangiert, in der die Bestandteile einfachster sich selbst reproduzierender lebender Strukturen angeordnet sind. In der Tat, mit genügend Zeit würde das Ergebnis sicher entstehen, genauso sicher wie die sechs Affen bei genügend Zeit, ein Shakespeare-Sonett tippen würden. Aber wären die gruppierten Atome dann eine lebendige Zelle? Mit anderen Worten, ist eine lebende Zelle nur eine Gruppe von gewöhnlichen Atomen, die auf irgendeine gewöhnliche Weise angeordnet sind, oder ist es etwas mehr? Ist die biologische Zelle nur Atome, oder sind es Atome plus Lebenskraft? Oder, um es anders auszudrücken, könnte ein genügend geschickter Chemiker aus den notwendigen Atomen das Leben erschaffen, wie ein Junge eine Maschine aus einem Metallbaukasten schaffen kann und dann in Gang setzen? Wir wissen die endgültige Antwort noch nicht, auch wenn nach dem heutigen Stand (2017) der Biochemie alles darauf hindeutet, dass sich

Leben so erschaffen lässt. Wenn wir die Antwort bekommen, wird sie uns einen Hinweis geben, ob andere Welten im Weltraum wie die unsrigen bewohnt sind und sie wird größten Einfluss auf unsere Interpretation vom Sinn des Lebens haben müssen - sie kann eine größere Revolution des Denkens hervorbringen als Galileis Astronomie oder Darwins Biologie.

Wir wissen aber, dass, obwohl die lebende Materie aus ganz gewöhnlichen Atomen besteht, sie hauptsächlich aus solchen Atomgruppen besteht, die eine besondere Fähigkeit haben sich in außerordentlich großen „Molekülen" zusammenzuschließen.

Die meisten Atome besitzen diese Eigenschaft nicht. Die Atome von Wasserstoff und Sauerstoff können sich z. B. zu Molekülen des Wasserstoffs (H_2 oder H_3), des Sauerstoffs oder Ozons (O_2 oder O_3), von Wasser (H_2O) oder von Wasserstoffperoxid (H_2O_2) verbinden, aber keine dieser Verbindungen enthalten mehr als vier Atome. Die Zugabe von Stickstoff ändert die Situation nicht wesentlich. Die Verbindungen von Wasserstoff, Sauerstoff und Stickstoff enthalten alle verhältnismäßig wenige Atome. Aber die weitere Zugabe von Kohlenstoff verwandelt das Bild vollständig. Die Atome von Wasserstoff, Sauerstoff, Stickstoff und Kohlenstoff verbinden sich zu Molekülen, die Hunderte, Tausende und sogar Zehntausende von Atomen enthalten. Aus solchen Molekülen wird lebende Materie hauptsächlich gebildet. Bis vor hundertfünfzig Jahren war allgemein angenommen worden, dass eine „Lebenskraft" notwendig sei, um diese und die anderen Substanzen herzustellen, die in die Zusammensetzung des lebenden Körpers vorkommen. Dann produzierte Wöhler in seinem Laboratorium, durch gewöhnliche Prozesse einer chemischen Synthese Harnstoff ($CO(NH_2)_2$), welches ein typisches Tierprodukt ist, später folgten andere Bestandteile des lebenden Körpers. Heute wird ein Phänomen nach dem anderen, das zu früheren Zeiten der „Lebenskraft" zugeschrieben wurde, auf die Wirkung der gewöhnlichen Prozesse der Physik und Chemie zurückgeführt. Obwohl das Problem des Lebens noch von der endgültigen Lösung entfernt ist, wird es zunehmend sicher, dass das, was lebende Materie von anderer unterscheidet, nicht die Gegenwart einer „vitalen Kraft", sondern das ganz gewöhnliche Element Kohlenstoff ist, immer in Verbindung mit anderen Atomen, mit denen es außergewöhnlich große Moleküle bildet.

Wenn das so ist, existiert das Leben nur im Universum, weil das Kohlenstoffatom bestimmte außergewöhnliche Eigenschaften besitzt. Vielleicht ist Kohlenstoff deshalb besonders chemisch bemerkenswert, weil es eine Art Übergang zwischen den Metallen und Nichtmetallen bildet. Aber bisher ist nichts in der physikalischen Konstitution des Kohlenstoffatoms bekannt, das seine ganz besondere Fähigkeit zur Bindung anderer Atome erklärt. Das Kohlenstoffatom besteht aus sechs Elektronen, die nach den Modellvorstellungen von Bohr um einen entsprechenden zentralen Kern kreisen wie sechs Planeten, die sich um eine zentrale Sonne drehen. Es scheint sich von den beiden nächstgelegenen Nachbarn in der Tabelle der chemischen Elemente, den Atomen Bor und Stickstoff nur dadurch zu unterscheiden, dass es ein Elektron mehr hat als das Erstere und ein Elektron weniger als das Letztere. Doch dieser kleine Unterschied muss in letzter Instanz für den ganzen Unterschied zwischen Leben und Abwesenheit des Lebens verantwortlich sein. Zweifellos liegt der Grund, warum das Sechselektronenatom seine bemerkenswerten Eigenschaften besitzt, irgendwo in den letzten Gesetzen der Natur, aber die mathematische Physik hat diese noch nicht erfasst.

In der Chemie sind andere ähnliche Fälle bekannt. Magnetische Phänomene zeigen sich in enormem Grad in Eisen und in geringerem Maße bei seinen Nachbarn, Nickel und Kobalt. Die Atome dieser Elemente haben jeweils 26, 27 bzw. 28 Elektronen. Die magnetischen Eigenschaften aller anderen Atome sind im Vergleich dazu fast vernachlässigbar. Irgendwie also, obwohl es die mathematische Physik noch nicht enträtselt hat, hängt der Magnetismus von den eigentümlichen Eigenschaften der 26, 27 und 28 Elektronenatome ab, vor allem vom ersten. Radioaktivität, die mit unbedeutenden Ausnahmen bei den natürlich vorkommenden Atomen auf die mit 83 bis 92 Elektronen beschränkt ist, liefert ein drittes Beispiel. Wieder wissen wir nicht warum.

Die Chemie kann uns nur sagen, dass wir das Leben in die gleiche Kategorie wie Magnetismus und Radioaktivität einordnen müssen. Das Universum ist so gebaut, dass es nach bestimmten Gesetzen arbeitet. Als Folge dieser Gesetze haben Atome mit einer bestimmten Anzahl von Elektronen, nämlich 6, 26 bis 28 und 83 bis 92, gewisse besondere Eigenschaften, die sich in den Phänomenen des Lebens, des Magnetismus und der Radioaktivität zeigen. Ein allmächtiger, keinerlei Beschränkungen unterworfener Schöpfer, wäre nicht an die Gesetze gebunden gewesen, die im gegenwärtigen Universum herrschen. Er könnte gewählt haben, um ein Universum zu bauen, in dem irgendwelche anderen Reihen von unzähligen Gesetzen herrschen. Wenn ein anderer Satz von Gesetzen gewählt worden wäre, hätten andere spezielle Atome andere besondere Eigenschaften besessen. Wir können nicht sagen welche, aber es scheint à priori unwahrscheinlich, dass Radioaktivität, Magnetismus oder Leben unter ihnen gewesen wären. Die Chemie deutet darauf hin, dass das Leben, wie Magnetismus und Radioaktivität, nur eine zufällige Folge der besonderen Gesetze sein kann, durch die das gegenwärtige Universum beherrscht wird.

Wieder kann man gegen das Wort „zufällig" Einwendungen hervorbringen. Was wäre, wenn der Schöpfer des Universums einen besonderen

Satz von Gesetzen deshalb gewählt hat, weil sie zur Hervorbringung des Lebens geführt haben? Was wäre, wenn es ihm darum ging, das Leben zu schaffen? Solange wir an einen Schöpfer als ein vergrößertes menschenähnliches Wesen glauben, das durch Gefühle und Interessen wie unsere eigenen motiviert ist, kann den Einwendungen nichts entgegengesetzt werden, außer vielleicht durch die Bemerkung, dass, wenn ein solcher Schöpfer einmal postuliert worden ist, man überhaupt kein weiteres Argument mehr hinzufügen kann zu dem, was bereits angenommen wurde. Wenn wir jedoch jede Spur von Anthropomorphismus (= Zusprechen menschlicher Eigenschaften auf Tiere, Götter, Naturgewalten und Ähnliches, d. h. Vermenschlichung) aus unseren Köpfen entfernen, bleibt kein Grund für die Annahme, dass die gegenwärtigen Gesetze besonders ausgewählt wurden, um das Leben zu produzieren. Sie könnten zum Beispiel mit gleicher Wahrscheinlichkeit ausgewählt worden sein, um Magnetismus oder Radioaktivität zu erzeugen - in der Tat wahrscheinlicher, da für alle Erscheinungen die Physik eine unvergleichlich größere Rolle im Universum spielt, als die Biologie. Von einem streng materiellen Standpunkt aus betrachtet, scheint die Bedeutungslosigkeit des Lebens so weit zu gehen, jede Idee zu zerstreuen, dass sie ein besonderes Interesse des großen Architekten des Universums darstellen könnte.

Eine triviale Analogie kann die Situation in einem klareren Licht zeigen. Ein fantasieloser Seemann, der daran gewöhnt war, Knoten zu knüpfen, könnte denken, es wäre unmöglich, den Ozean zu überqueren, wenn das Binden von Knoten unmöglich wäre. Die Fähigkeit, Knoten zu knüpfen, ist auf den dreidimensionalen Raum begrenzt. Kein Knoten kann in einem Raum von 1, 2, 4, 5 oder einer beliebigen anderen Anzahl von Dimensionen gebunden werden. Aus dieser Tatsache könnte unser einfallsloser Seemann begründen, dass ein wohltätiger Schöpfer unter seiner besonderen Schirmherrschaft Matrosen gehabt haben muss, und gewählt haben, dass der Raum drei Dimensionen haben sollte, damit Bindungsknoten und Überqueren des Ozeans Möglichkeiten im Universum sein sollten, das er geschaffen hatte, kurz, dass der Raum dreidimensional wäre, damit es Segler geben könnte. Dies und das oben beschriebene Argument scheinen auf einer Ebene zu liegen, denn das Leben als Ganzes und das Verbinden von Knoten sind so ziemlich auf einem Niveau, keiner von ihnen bildet mehr als einen völlig unbedeutenden Bruchteil der Gesamtaktivität des materiellen Universums.

So viel über die überraschende Art und Weise, in der wir entstanden sind, soweit die Wissenschaft uns darüber informieren kann. Und unsere Verwirrung wird nur erhöht, wenn wir versuchen, von unseren Ursprüngen ausgehend zu einem Verständnis des Zwecks unserer Existenz zu gelangen oder das Schicksal der Menschheit vorauszusehen.

Die Art Leben, die wir kennen, kann nur unter geeigneten Bedingungen von Licht und Hitze existieren. Wir existieren, weil die Erde genau die richtige Strahlung von der Sonne erhält. Stört man das Gleichgewicht in eine der Richtungen, von Übermaß oder Mangel, und das Leben muss von der Erde verschwinden. Und das Wesen der Situation ist, dass die Balance sehr leicht gestört werden kann.

Der Urmensch, der in der gemäßigten Zone der Erde wohnte, musste die Eiszeit, die über sein Zuhause hereinbrach, mit Schrecken beobachtet haben. Jedes Jahr kamen die Gletscher weiter hinunter in die Täler. In jedem Winter schien die Sonne weniger in der Lage zu sein, ausreichend Wärme für das Leben zu bieten. Für ihn wie für uns, muss das Universum als dem Leben feindselig erschienen sein.

Wir, die wir zu einer späteren Zeit in der schmalen gemäßigten Zone, die unsere Sonne umgibt, leben, und in die ferne Zukunft blicken, sehen eine Eiszeit anderer Art, die uns bedroht. So wie Tantalus, der in einem See stand, der gerade so tief war, dass er nicht ertrunken ist, doch dazu bestimmt war, vor Durst zu sterben, so ist es die Tragödie unseres Menschengeschlechts, dass es wahrscheinlich dazu bestimmt ist, den Kältetod zu sterben, während der größere Teil der Materie des Universums noch immer zu heiß für das Leben ist, um eine sichere Stellung zu erhalten. Die Sonne, die keine fremde Wärmezufuhr hat, wird zwangsläufig immer weniger von ihrer lebensspendenden Strahlung emittieren, und dadurch wird die gemäßigte Zone des Raumes um sie herum schrumpfen, in der allein das Leben existieren kann. Um eine mögliche Wohnstätte zu bleiben, müsste unsere Erde immer näher und näher der sterbenden Sonne kommen. Doch die Wissenschaft sagt uns, dass die Erde sich nicht der Sonne annähern wird. Die unaufhaltsamen dynamischen Gesetze treiben sie schon jetzt immer weiter weg von der Sonne in die äußere Kälte und Dunkelheit. Und soweit wir sehen können, müssen die Gesetze es auch weiterhin tun, bis das Leben auf der Erde eingefroren ist, es sei denn, dass ein himmlischer Zusammenstoß oder eine andere Katastrophe eintritt, um das Leben schon früher durch einen schnelleren Tod zu zerstören. Dieses voraussichtliche Schicksal ist unserer Erde nicht eigentümlich. Andere Sonnen müssen wie unsere eigene sterben, und jedes Leben dort, das auf anderen Planeten sein mag, muss das gleiche unrühmliche Ende erleiden.

Die Physik erzählt die gleiche Geschichte wie die Astronomie. Denn unabhängig von allen astronomischen Erwägungen sagt das allgemeine physikalische Prinzip, das als zweites Gesetz der Thermodynamik bekannt ist, voraus, dass es nur ein Ende des Universums geben kann - einen „Wärmetod", in dem die Gesamtenergie des Universums gleichmäßig verteilt ist und die ganze Substanz des Universums dieselbe Temperatur hat. Diese Temperatur wird so niedrig sein, dass sie Leben unmöglich macht. Es kommt weniger darauf an, auf welchem besonderen Weg dieser endgültige Zustand erreicht wird. Alle Wege führen nach Rom, und das Ende der Reise kann nicht anders sein als der allgemeine Tod.

Ist es tatsächlich so, dass das Leben fast aus Versehen in ein Universum hineingestolpert ist, das eindeutig nicht für das Leben entworfen war und das allen Lebenserscheinungen gegenüber entweder völlig gleichgültig oder dem Leben gegenüber definitiv feindlich gesinnt ist? Ist es so, dass wir uns an das Bruchstück eines Sandkorns klammern bis wir eingefroren sind, und zur Schau gestellt werden für eine winzige Stunde auf unserer winzigen Bühne, mit der Erkenntnis, dass alle unsere Bestrebungen zum endgültigen Scheitern verurteilt sind, dass alle unsere Leistungen mit unserem Geschlecht zugrunde gehen werden und wir das Universum so verlassen müssen als wären wir nie da gewesen?

Die Astronomie legt diese Frage nahe, aber es ist, glaube ich, vor allem die Physik, die wir um eine Antwort bitten müssen. Die Astronomie kann uns von der gegenwärtigen Anordnung des Universums, von der Weite und Leere des Raumes und von unserer eigenen Bedeutungslosigkeit darin erzählen. Sie kann uns sogar etwas über die Natur der im Laufe der

Zeit entstandenen Veränderungen erzählen. Aber wir müssen die Grundlagen der Dinge tief erforschen, bevor wir erwarten können, eine Antwort auf unsere Frage zu finden. Und das ist nicht das Gebiet der Astronomie. Vielmehr werden wir feststellen, dass unsere Suche uns direkt in das Herz der modernen physikalischen Wissenschaft führt.

2. Die neue Welt der modernen Physik

Der Urmensch muss die Natur einzigartig verwirrend und kompliziert gefunden haben. Auf die einfachsten Phänomene konnte man sich für unbestimmte Zeit verlassen. Ein nicht unterstützter Körper fiel unablässig, ein Stein, der in Wasser geworfen wurde, sank, während ein Stück Holz schwamm, doch andere kompliziertere Phänomene zeigten keine solche Gleichförmigkeit - der Blitz schlug einen Baum entzwei, während sein Nachbar, ein Baum von ähnlichem Wachstum und gleicher Größe, unversehrt entkam. In einem Monat hat der neue Mond schönes Wetter gebracht, im nächsten Monat schlechtes.

Mit einer natürlichen Welt konfrontiert, die bei allen Erscheinungen so kapriziös war wie er selbst, war der erste Impuls des Menschen, die Natur nach seinem eigenen Bild zu erschaffen. Er schrieb den scheinbar unberechenbaren und ungeordneten Kurs des Universums den Launen und Leidenschaften der Götter oder der wohlwollenden oder bösartigen kleineren Geister zu. Erst nach langem Studium entstand das große Prinzip der Kausalität. Mit der Zeit wurde festgestellt, dass sie die ganze unbelebte Natur beherrschte: Zu einer Ursache, die in ihrer Handlung vollständig isoliert werden konnte, fand sich unweigerlich, dieselbe erzielte Wir-

29

kung. Was zu irgendeinem Augenblick geschah, hing nicht von den Wollen der fremden Wesen ab, sondern folgte unweigerlich nach unerbittlichen Gesetzen aus dem Zustand der Dinge im vorigen Augenblick. Und dieser Zustand der Dinge war unweigerlich von einem früheren Zustand und so weiter auf unbestimmte Zeit bestimmt worden, sodass der ganze Verlauf der Ereignisse unabänderlich von dem Zustand bestimmt war, in dem sich die Welt im ersten Augenblick ihrer Geschichte befand. Sobald dieser feststand, konnte sich die Natur nur auf einer Straße zu einem prädestinierten Ende bewegen. In kurzer Zeit hatte der Prozess der Entstehung nicht nur das Universum, sondern auch seine ganze künftige Geschichte geschaffen. Der Mensch glaubte zwar immer noch, dass er selbst den Verlauf der Ereignisse durch sein eigenes Wollen beeinflussen könne, obwohl er in diesem vom Instinkt geleitet wurde, anstatt durch Logik, Wissenschaft oder Erfahrung. Aber von nun an übernahm das Gesetz der Verursachung den Lauf der Dinge bei allen Ereignissen, und zwar so wie dieses zuvor den Vorgängen von übernatürlichen Wesen zugewiesen worden war.

Die endgültige Etablierung dieses Gesetzes als das primäre Leitprinzip in der Natur war der Triumph des siebzehnten Jahrhunderts, das große Jahrhundert von Galilei und Newton. Erscheinungen am Himmel wurden nur aus den universalen Gesetzen der Optik abgeleitet. Den Kometen, die man bis dahin als Vorzeichen des Falles von Imperien oder des Todes von Königen ansah, wurden ihre Bewegungen durch das universelle Gesetz der Gravitation vorgeschrieben. Und Newton schrieb: „Es wird möglich sein, die übrigen Phänomene der Natur durch eine ähnliche Art von Argumentation von mechanischen Prinzipien abzuleiten."

Daraus entstand eine Bewegung, um das ganze materielle Universum als eine Maschine zu interpretieren, eine Bewegung, die bis zu ihrer Kulmination in der zweiten Hälfte des 19. Jahrhunderts stetig an Kraft gewann. Damals erklärte Helmholtz, „das letzte Ziel aller Naturwissenschaft ist es, in der Mechanik aufzugehen", und Lord Kelvin gestand, dass er nichts verstehen könne, von dem er kein mechanisches Modell machen könne. Er, wie viele der großen Wissenschaftler des neunzehnten Jahrhunderts, stand hoch im Ansehen des Ingenieurberufs. Viele andere hätten es ihm nachtun können. Es war das Zeitalter des Ingenieurwissenschaftlers, dessen primäres Ziel es war, mechanische Modelle der ganzen Natur zu erstellen. Waterston, Maxwell und andere hatten die Eigenschaften eines Gases als maschinenähnliche Eigenschaften mit großem Erfolg erklärt. Die Maschine bestand aus einer riesigen Menge von winzigen runden, glatten Kugeln, härter als der härteste Stahl, der wie ein Kugelhagel auf einem Schlachtfeld herumfliegt. Der Druck eines Gases zum Beispiel wurde durch die Auswirkungen der schnell fliegenden Kugeln verursacht. Es war wie der Druck, den ein Hagelschlag auf das Dach eines Zeltes ausübt. Wenn der Ton durch ein Gas übertragen wurde, waren diese Kugeln die Boten. Ähnliche Versuche wurden unternommen, um die Eigenschaften von flüssigen und festen Stoffen durch maschinenartige Eigenschaften zu erklären, wenn auch mit erheblich weniger Erfolg und bei Licht und Gravitation überhaupt ohne Erfolg. Doch dieser Mangel an Erfolg scheiterte dabei den Glauben zu erschüttern, dass das Universum letztlich eine rein mechanische Interpretation zulassen müsste. Es wären nur größere Anstrengungen nötig, und die ganze unbelebte Natur würde endlich als eine vollkommen wirkende Maschine offenbar werden.

All dies hatte einen offensichtlichen Einfluss auf die Interpretation des menschlichen Lebens. Jede Erweiterung des Gesetzes der Kausalität und jeder Erfolg der mechanischen Interpretation der Natur machte den Glauben an den freien Willen schwieriger. Denn wenn die ganze Natur dem Gesetz der Verursachung gehorchte, warum sollte das Leben davon befreit sein? Aus solchen Erwägungen entstanden die mechanistischen Philosophien des siebzehnten und achtzehnten Jahrhunderts und ihre natürlichen Reaktionen, die idealistischen Philosophien, die ihnen folgten. Die Wissenschaft schien eine mechanistische Sichtweise zu begünstigen, die die ganze materielle Welt als eine riesige Maschine sah. Im Gegensatz dazu versuchte die idealistische Ansicht, die Welt als eine Schöpfung des Denkens zu betrachten, die somit aus reinem Denken bestünde.

Bis Anfang des 19. Jahrhunderts war die mechanistische Weltsicht immer noch kompatibel mit wissenschaftlichen Erkenntnissen, um das Leben als etwas zu sehen, das ganz von der unbelebten Natur entfernt war. Dann kam die Entdeckung, dass lebendige Zellen aus genau denselben chemischen Atomen wie unbelebte Materie gebildet wurden und daher vermutlich von denselben Naturgesetzen regiert werden. Dies führte zu der Frage, warum die einzelnen Atome, aus denen unsere Körper und Gehirne gebildet wurden, von den Gesetzen der Kausalität befreit sein sollten. Es fing an, dass nicht nur vermutet, sondern sogar heftig behauptet wurde, dass das Leben selbst letztlich in seiner Natur rein mechanisch sein muss. Der Verstand eines Newtons, eines jeden oder eines Michelangelo, so hieß es, unterscheidet sich nur in der Komplexität von einer Druckmaschine, einer Pfeife oder einer Dampfsäge. Des Lebens ganze Funktion sei es, genau auf die Reize zu reagieren, die es von außen erhielt. Weil solch eine Überzeugung keinen Raum für die Wahlfreiheit und den freien Willen ließ, beseitigte er alle Grundlagen einer Moral. Paulus hat sich nicht entschieden, ein anderer als Saul zu werden. Er konnte gar nicht anders. Er wurde durch eine Reihe äußerer Reize bestimmt.

Eine fast kaleidoskopartige Umgestaltung des wissenschaftlichen Denkens kam mit dem Wechsel des Jahrhunderts. Die frühen Wissenschaftler waren nur in der Lage, Materie in solchen Stücken zu studieren, die groß genug waren, um direkt von den Sinnen ohne Instrumente erfasst zu werden. Das kleinste Stück Materie, mit dem sie experimentieren konnten, enthielt Millionen von Millionen von Molekülen. Stücke von dieser Größe verhielten sich zweifellos in einer mechanischen Weise, aber es gab keine Garantie, dass einzelne Moleküle sich in der gleichen Weise verhalten würden. Jeder kennt den großen Unterschied zwischen dem Verhalten einer Menge und dem einzelner Individuen, aus denen sie sich zusammensetzt.

Erst am Ende des 19. Jahrhunderts wurde es möglich, das Verhalten einzelner Moleküle, Atome und Elektronen zu untersuchen. Das Jahrhundert hatte aber lange genug für die Wissenschaft gedauert, um zu entdecken, dass gewisse Phänomene, Strahlung und Gravitation im Besonderen allen Versuchen einer rein mechanischen Erklärung widersprachen. Während die Philosophen noch darüber diskutierten, ob eine Maschine konstruiert werden könne, die Gedanken von Newton, die Emotionen von Bach oder die Inspiration von Michelangelo zu reproduzieren, war der durchschnittliche Mann der Wissenschaft schnell davon überzeugt, dass keine Maschine konstruiert werden kann, um das Licht einer Kerze zu reproduzieren, oder der Fall eines Apfels. Dann brachte Professor Max Planck in Berlin in den letzten Monaten des 19. Jahrhunderts eine vorläufige Erklärung bestimmter Strahlungsphänomene vor, die sich der Interpretation bisher völlig widersetzt hatten. Nicht nur war seine Erklärung nichtmechanischer Natur, es schien sogar unmöglich, diese mit irgendwelchen mechanischen Gedanken zu verbinden. Aus dem Grund wurde er kritisiert, angegriffen und sogar verspottet. Seine brillante Erklärung setzte sich jedoch durch, wurde erfolgreich und entwickelte sich schließlich zu der modernen „Quantentheorie", die eine der großen dominierenden Prinzipien der modernen Physik darstellt. Auch wenn das damals nicht offensichtlich war, markierte es das Ende des mechanischen Zeitalters in der Wissenschaft und die Eröffnung einer neuen Ära.

In ihrer frühesten Form ging Plancks Theorie kaum darüber hinaus, dass der Lauf der Natur durch winzige Sprünge oder Rucke gekennzeichnet ist, wie die Sekundenzeiger bei einer Uhr. Doch obwohl der Zeiger nicht kontinuierlich voranschreitet, ist eine Uhr rein mechanisch in ihrer letzten Natur und folgt dem Gesetz der Verursachung absolut. Einstein zeigte 1917, dass die von Planck gegründete Theorie auf den ersten Blick zumindest auf Konsequenzen hinwies, die weitaus revolutionärer waren als bloße Diskontinuität. Es schien das Gesetz der Verursachung von der Stellung zu entthronen, die es bisher als Wegweiser in der natürlichen Welt innehatte. Die alte Wissenschaft hatte zuversichtlich verkündet, dass die Natur nur einer Straße folgen könne, der Straße, die von Anfang an bis zu ihrem Ende durch eine fortlaufende Kette von Ursache und Wirkung festgelegt war; auf Zustand A folgte zwangsläufig Zustand B. Bisher konnte die neue Wissenschaft nur sagen, dass dem Zustand A der Zustand B oder C oder D oder einer von unzähligen anderen Zuständen folgen kann. Es kann wahr sein, dass B wahrscheinlicher ist als C, C als D und so weiter. Man kann sogar die relativen Wahrscheinlichkeiten der Zustände B, C und D angeben. Aber weil man in Ausdrücken der Wahrscheinlichkeit formulieren muss, kann man nicht mit Sicherheit voraussagen, welcher Zustand dem vorherigen folgen wird. Das ist eine Sache, die in den Händen der Götter liegt - was auch immer für Götter dahinter stecken.

Ein konkretes Beispiel erklärt dies deutlicher. Es ist bekannt, dass die Atome des Radiums und anderer radioaktiver Substanzen mit bloßem Zeitablauf in Atome von Blei und Helium zerfallen, sodass sich eine Radiummasse mengenmäßig kontinuierlich vermindert und durch Blei und Helium ersetzt wird. Das Gesetz, das die Rate der Verminderung regelt, ist sehr bemerkenswert. Die Menge an Radium vermindert sich genauso wie eine Population, wenn es keine Geburten gäbe, dafür aber eine einheitliche für alle geltende Todesrate, unabhängig vom Alter. Oder ein weiteres Beispiel, es reduziert sich in der gleichen Weise wie die Anzahl Soldaten eines Bataillons, die einem absolut zufälligen, planlosen Feuer ausgesetzt sind. Kurz: Das Alter scheint dem einzelnen Radiumatom nichts zu bedeuten. Es stirbt nicht, weil es sein Leben gelebt hat, sondern weil irgendwie das Schicksal an seine Tür klopft.

Um ein konkretes Beispiel zu geben, nehmen wir an, dass unser Zimmer zweitausend Radiumatome enthält. Die Wissenschaft kann nicht sagen, wie viele von ihnen nach einem Jahr überleben werden, sie kann uns nur die relativen Chancen für jede der Zahlen 2000, 1999, 1998 und so weiter mitteilen. Tatsächlich ist das wahrscheinlichste Ereignis, dass 1999 überleben. Die Wahrscheinlichkeit spricht dafür dass eines und nur eines der 2000 Atome im nächsten Jahr zerfallen wird.

Wir wissen nicht, in welcher Weise dieses besondere Atom aus den 2000 ausgewählt wird. Wir können zunächst nur vermuten, dass es das Atom sein wird, das im kommenden Jahr am meisten gestoßen wird oder an die heißesten Orte kommt oder welches es nicht sein wird. Doch so kann es nicht sein, denn wenn Stöße oder Hitze ein Atom zerfallen lassen könnten, könnten auch andere der 1999 übrig bleibenden zerfallen, und wir sollten in der Lage sein, den Zerfall des Radiums allein durch

Komprimieren oder Aufheizen zu beschleunigen. Jeder Physiker glaubt, dass dies unmöglich ist, er glaubt vielmehr, dass jedes Jahr das Schicksal an die Tür eines der Radiumatome unter den 2000 klopft und es zwingt zu zerfallen. Dies ist die Hypothese des „spontanen Zerfalls", die von Rutherford und Soddy im Jahre 1903 aufgestellt wurde.

Geschichte kann sich wiederholen, und möglicherweise ist diese scheinbare Launenhaftigkeit der Natur im Licht einer volleren Erkenntnis doch aus der unvermeidlichen Operation des Gesetzes von Ursache und Wirkung entsprungen. Wenn wir im gewöhnlichen Leben in Ausdrücken der Wahrscheinlichkeit sprechen, so zeigen wir nur, dass unser Wissen unvollständig ist. Wir können sagen, es scheint wahrscheinlich, dass es morgen regnen wird, während der meteorologische Experte, der weiß, dass eine tiefe Depression vom Atlantik nach Osten wandert, mit Vertrauen sagen kann, dass es nass sein wird. Wir können von den Chancen eines Pferdes im Rennen sprechen, während der Besitzer weiß, dass es sein Bein gebrochen hat. In gleicher Weise kann die Berufung der neuen Physik auf Wahrscheinlichkeiten nur ihre Unwissenheit über den wahren Mechanismus der Natur umhüllen.

Ein Beispiel wird zeigen, wie das sein könnte. Früh im 20. Jahrhundert, entdeckten McLennan, Rutherford und andere in der Erdatmosphäre eine neue Art von Strahlung, die sich durch ihre extrem hohen Durchdringungskräfte bei festen Stoffen auszeichnete. Das gewöhnliche Licht dringt nur den Bruchteil eines Zolls in undurchsichtige Materie ein. Wir können unsere Gesichter von Sonnenstrahlen mit einem Blatt Papier oder einer noch dünneren Metallfolie abschirmen. Röntgenstrahlen haben eine weitaus größere Durchdringungskraft. Sie können durch unsere Hände oder sogar unsere ganzen Körper hindurchgehen, damit der Chirurg unsere Knochen fotografieren kann. Doch Metall in der Dicke einer Münze hält sie vollständig ab. Aber die von McLennan und Rutherford entdeckte Strahlung konnte mehrere Meter Blei oder anderes dichtes Metall durchdringen.

Wir wissen heute, dass ein großer Teil dieser Strahlung, die allgemein als „kosmische Strahlung" bezeichnet wird, ihren Ursprung im Weltraum hat. Sie fällt in großen Mengen auf die Erde und ihre Zerstörungskräfte sind unermesslich. Jede Sekunde zerlegt sie etwa zwanzig Atome pro Kubikzoll unserer Atmosphäre und Millionen von Atomen in jedem unserer Körper. Es wurde darauf hingewiesen, dass diese Strahlung, wenn sie auf Keimplasma fällt, die sprunghaften biologischen Variationen hervorbringen kann, die die moderne Evolutionstheorie verlangt, es könnte die kosmische Strahlung gewesen sein, die Affen in Menschen verwandelt hat.

Ebenso wurde vermutet, dass die Einwirkung der kosmischen Strahlung auf radioaktive

Atome die Ursache für deren Zerfall sein könnte. Die Strahlen treffen ein wie Schicksalsschläge, zerstören jetzt ein Atom und dann ein anderes, sodass die Atome wie Soldaten fallen, die einem zufälligen Feuer ausgesetzt sind, und das Gesetz, das ihre Abnahme beherrscht, wurde erklärt. Die Vermutung wurde durch einen einfachen Versuch widerlegt, indem man radioaktives Material in eine Kohlengrube brachte. Das Material war dort vollständig von den kosmischen Strahlen abgeschirmt, fuhr aber fort, mit der gleichen Geschwindigkeit wie vorher zu zerfallen.

Die Hypothese scheiterte, aber wahrscheinlich erwarten viele Physiker, dass noch irgendeine andere physische Wirkung gefunden werden kann, um die Rolle des Schicksals im radioaktiven Zerfall zu erklären. Die Zerfallsrate der Atome wäre dann offensichtlich proportional zur Stärke dieser unbekannten Wirkung. Aber andere ähnliche Phänomene zeigen noch weit größere Erklärungs-Schwierigkeiten.

Unter diesen ist das vertraute Phänomen der Emission von Licht durch eine gewöhnliche elektrische Glühbirne. Das Wesentliche ist, dass ein heißer Metallfaden Energie von einem Dynamo empfängt und ihn als Strahlung entlädt. Innerhalb des Glühfadens wirbeln die Elektronen von Millionen Atomen in ihren Umlaufbahnen herum, und wechseln hin und wieder, plötzlich und fast diskontinuierlich von einer Umlaufbahn zur anderen, indem sie bei diesem Prozess manchmal Strahlung aussenden und manchmal absorbieren. Im Jahr 1917 stellte Einstein, eine statistische Untersuchung dieser Sprünge an. Manche Sprünge sind natürlich durch die Strahlung selbst und der Hitze des Glühfadens verursacht. Aber das reicht nicht aus, um die ganze vom Glühfaden emittierte Strahlung zu berücksichtigen. Einstein fand heraus, dass es auch andere Sprünge geben muss und dass diese spontan auftreten müssen, wie beim Zerfall des Radiumatoms. Kurz gesagt, es scheint, als ob auch hier das Schicksal seine Hand im Spiel hat. Wenn nun eine gewöhnliche physikalische Wirkung die Rolle des Schicksals mit Leichtigkeit spielte, sollte ihre Stärke die Intensität der Strahlungsemission durch den Glühfaden beeinflussen. Aber soweit wir wissen, hängt die Intensität der Strahlung nur von bekannten Naturkonstanten ab, die hier die gleichen sind wie bei den entlegensten Sternen. Und das scheint keinen Raum für die Intervention einer unbekannten externen Wirkung zu lassen.

Wir können uns vielleicht irgendwie ein Bild von der Natur dieses spontanen Zerfalls oder der Sprünge bilden, indem wir das Atom mit einer Gesellschaft von vier Kartenspielern vergleichen, die sich verabreden aufzuhören, sobald ein Spiel vorkommt, in der jeder Spieler genau einen kompletten Kartensatz erhält. Ein Raum, der Millionen solcher Spielergesellschaften enthält, kann als Metapher genommen werden, um eine Masse an radioaktiver Substanz darzustellen. Dann kann gezeigt werden, dass die Anzahl der Kartenparteien nach dem exakten Gesetz des radioaktiven Zerfalls unter der Bedingung abnimmt, dass die Karten zwischen jedem Austeilen gut gemischt werden. Wenn die Karten genügend häufig neu gemischt und ausgeteilt werden können, spielen der Ablauf der Zeit und das vorangegangene Spiel keine Rolle für die Kartenspieler. Denn es entsteht jedes Mal eine neue Situation, wenn die Karten gemischt werden. So wird die Todesrate pro tausend konstant bleiben, wie bei den Radiumatomen. Aber wenn die Karten nach jedem Spiel, ohne neu zu mischen, nur aufgenommen werden, folgt jedes Spiel unweigerlich auf das vorhergehende, und wir haben das Analogon des alten Kausalitätsgesetzes. Hier wäre die Verminderungsrate der Spielerzahl anders als beim radioaktiven Zerfall. Wir können die radioaktive Zerfallsrate nur reproduzieren, indem wir annehmen, dass die Karten ständig neu gemischt werden, und der Mischer, der ist, den wir Schicksal genannt haben.

So ist es möglich, obwohl wir noch weit von irgendeinem konkretem Wissen entfernt sind, dass es irgendeinen Faktor gibt, für den wir bisher keinen besseren Namen als Schicksal gefunden haben, und der in der Natur tätig ist, um die gusseiserne Unvermeidlichkeit des alten Gesetzes zu neutralisieren. Die Zukunft mag nicht so unveränderlich von der Vergangenheit bestimmt sein, wie man früher gedacht hatte.

Zum Teil kann sie wenigstens in den Händen irgendwelcher Götter liegen.

Viele andere Überlegungen weisen in die gleiche Richtung. Zum Beispiel hat Professor Heisenberg gezeigt, dass die Begriffe der modernen Quantentheorie das einschließen, was er „Unbestimmtheitsprinzip" nennt. Wir haben lange von der Funktionsweise der Natur gedacht, sie wäre der Gipfel der Präzision. Unsere künstlichen Maschinen sind, wie wir wissen, unvollkommen und ungenau, aber wir haben lange die Überzeugung gehegt, dass die innerste Arbeit des Atoms ein Muster an Genauigkeit und Präzision sei. Doch Heisenberg macht es jetzt deutlich, dass die Natur Genauigkeit und Präzision über alles verabscheut.

Nach der alten Wissenschaft war der Zustand eines Teilchens, wie der eines Elektrons, vollständig spezifiziert, wenn wir seine Position im Raum an einem einzigen Augenblick und seine Bewegungsgeschwindigkeit durch den Raum im selben Augenblick wussten. Diese Daten, zusammen mit der Kenntnis aller Kräfte, die von außen auf sie einwirken konnten, bestimmten die ganze Zukunft des Elektrons. Wenn diese Daten für die Partikel des Universums gegeben waren, könnte die ganze Zukunft des Universums vorhergesagt werden.

Die neue Wissenschaft, wie sie von Heisenberg interpretiert wird, behauptet, dass diese

Daten aus der Natur der Dinge nicht erhältlich sind. Wenn wir wissen, dass sich ein Elektron an einem bestimmten Punkt im Raum befindet, können wir nicht genau die Geschwindigkeit angeben, mit der es sich bewegt – die Natur erlaubt eine gewisse „Fehlergrenze", und wenn wir versuchen, diese zu überwinden, wird sie uns dabei nicht helfen. Sie kennt anscheinend keine absolut genauen Messungen. Sobald wir die genaue Geschwindigkeit der Bewegung eines Elektrons kennen, weigert sich die Natur, uns seine genaue Position im Raum zu verraten. Es ist, als ob die Lage und Bewegung des Elektrons auf den beiden verschiedenen Seiten einer Münze markiert worden wäre. Wenn wir die Münze hochkant stellen, können wir zwischen den beiden Seiten fokussieren und sowohl die Position als auch die Bewegung des Elektrons einigermaßen scharf sehen. Je mehr wir uns auf eine Seite konzentrieren, desto verschwommener wird die andere.

Die gleichzeitige Sicht auf beide Seiten der Münze ist die alte Wissenschaft. Wir unterlagen der Illusion, dass wir, wenn wir nur ein geeignetes Beobachtungsinstrument hätten, in der Lage sein würden, sowohl die Lage als auch die Bewegung eines Teilchens zu einem gegebenen Zeitpunkt mit vollkommener Schärfe zu bestimmen, und es war diese Illusion, die den Determinismus in die Wissenschaft einführte, aber jetzt in der neuen Wissenschaft zeigt sich, dass die Spezifikationen von Lage und Bewegung in zwei verschiedenen Ebenen der Wirklichkeit liegen, die nicht gleichzeitig scharf fokussiert werden können. Dabei entzieht sie dem alten Determinismus den Boden unter den Füßen.

Oder um eine andere Metapher zu wählen: Es ist fast so, als ob die Gelenke des Universums irgendwie lose gearbeitet wären, als hätte sein Mechanismus ein gewisses Maß an „Spiel" entwickelt, wie wir es in einem stark abgenutzten Motor finden. Doch die Analogie ist insofern irreführend, als sie unterstellt, dass das Universum in irgendeiner Weise abgenutzt oder unvollkommen sei. In einem alten oder abgenutzten Motor variiert der Grad des „Spiels" oder „loser Verbindungsstellen" von Punkt zu Punkt. In der natürlichen Welt wird sie durch die geheimnisvolle Größe, die als „Plancksche Konstante h" bekannt ist, bestimmt, die sich im ganzen Universum als absolut einheitlich erweist, und deren Wert sowohl im Labor als auch in den Sternen auf unzählige Weise und immer gemessen werden kann. Doch die Tatsache, dass „lose Verbindungsstellen" irgendwelcher Art, das ganze Universum durchdringen, zerstört die These der absolut strengen Verursachung, wobei Letzteres das Merkmal der vollkommen genau arbeitenden Maschinerie ist.

Die Unbestimmtheit, auf die Heisenberg aufmerksam gemacht hat, ist nur teilweise subjektiv, aber nicht als Ganzes. Die Tatsache, dass wir die Lage und Geschwindigkeit eines Elektrons nicht mit absoluter Präzision bestimmen können, entsteht zum Teil aus der Ungenauigkeit des Apparates, mit dem wir arbeiten. - So wie ein Mann sich nicht mit absoluter Genauigkeit wiegen kann, wenn er kein anderes Gewicht als ein Pfundgewicht zur Verfügung hat. Die kleinste praktisch nutzbare Einheit, die der Wissenschaft bekannt ist, ist die des Elektrons, sodass keine kleinere Einheit dem Physiker für Messvorgänge zur Verfügung steht. In der Tat, es ist nicht die Größe dieser Einheit, die die unmittelbare Ursache des Problems ist, genauso wenig wie die der geheimnisvollen Einheit h, die durch Plancks Quantentheorie eingeführt wurde. Diese misst die Größe der „Sprünge", durch welche die Natur sich verändert oder bewegt, und solange diese Sprünge von endlicher Größe sind, ist es unmöglich, genauere Messungen durchzuführen, als sich durch einen dieser Sprünge verändert.

Diese Unbestimmtheit hat jedoch keinen Einfluss auf die Probleme der Radioaktivität und der Strahlung, die weiter oben diskutiert wurden. Und es gibt viele andere Naturphänomene, die zu zahlreich sind, um sie hier aufzuzählen, die nicht in ein konsistentes Schema aufgenommen werden können, es sei denn, die Konzeption der Unbestimmtheit wird auf irgendeine Weise in die Physik eingeführt.

Diese und andere Erwägungen, auf die wir zurückkommen werden, haben viele Physiker dazu gebracht, anzunehmen, dass es keinen Determinismus bei Ereignissen gibt, in denen Atome und Elektronen einzeln beteiligt sind und dass der scheinbare Determinismus bei makroskopischen Ereignissen nur statistischer Natur ist. Dirac beschreibt die Situation wie folgt:

Wenn eine Beobachtung bei irgendeinem atomaren System eines gegebenen Zustands gemacht wird, ist das Ergebnis im Allgemeinen nicht determiniert, d. h. wenn das Experiment mehrmals unter identischen Bedingungen wiederholt wird, kann man verschiedene Ergebnisse erhalten. Wenn das Experiment eine große Anzahl von Malen wiederholt wird, wird man feststellen, dass jedes einzelne Ergebnis zu einem bestimmten Bruchteil in der Gesamtzahl der Ergebnisse enthalten ist, sodass man sagen kann, dass es eine bestimmte Wahrscheinlichkeit dafür gibt, dieses Ergebnis bei einem durchgeführten Experiment zu erhalten. Die Wahrscheinlichkeit kann theoretisch berechnet werden. In besonderen Fällen kann die Wahrscheinlichkeit sogar einheitlich sein, und das Ergebnis des Experiments ist dann vollständig bestimmt (determiniert).

Mit anderen Worten, wenn wir mit Atomen und Elektronen in Massen zu tun haben, steuert das mathematische Gesetz der Mittelwerte den Determinismus bei, den die physikalischen Gesetze nicht hergegeben haben.

Wir können das Konzept durch eine analoge Situation in der Makrowelt, also der Welt des großen Maßstabs, illustrieren. Wenn wir ein englisches Halfpence-Stück in die Luft werfen, können wir nicht wissen, ob es mit der Kopfseite oder Zahlseite zu liegen kommen wird, doch wenn wir eine Million Tonnen Halfpence-Stücke hochwerfen, wissen wir, dass bei 500.000 Tonnen die Köpfe oben liegen werden und bei 500.000 Tonnen wird es die Zahlseite sein. Das Experiment kann immer wieder wiederholt werden und wird immer zum gleichen Ergebnis führen. Wir können versucht sein, das als Beweis für die Einheitlichkeit der Natur zu beurteilen und auf das Wirken eines zugrunde liegenden Kausalismus zu schließen. Tatsächlich ist es nur ein Beispiel für die Wirksamkeit des mathematischen Wahrscheinlichkeitsgesetzes.

Dennoch ist die Zahl der Halfpence-Stücke in einer Million Tonnen nichts im Vergleich mit der Anzahl der Atome in dem kleinsten Stück Materie, mit dem die früheren Physiker experimentieren konnten. Es ist leicht einzusehen, wie sich die Illusion der Determiniertheit – soweit es eine Illusion ist - in die Wissenschaft einschleichen konnte.

Über keines dieser Probleme haben wir ein abschließendes Wissen. Eine geringe und weiter abnehmende Zahl von Physikern mag wohl immer noch erwarten, dass in gewisser Weise das Gesetz der strengen Verursachung am Ende wieder seinen alten Platz in der realen

Welt einnehmen wird, aber die Richtung des wissenschaftlichen Fortschritts ermutigt sie nicht dazu. Jedenfalls findet der Begriff des strengen Determinismus keinen Platz mehr im Bild des Universums, das uns die heutige Physik zeigt, und zwar mit dem Ergebnis, dass dieses neue Bild mehr Raum lässt, als das alte mechanische, für das Leben und das Bewusstsein zusammen mit den Attributen, die wir alle mit ihnen verknüpfen, wie freier Wille und die Fähigkeit, das Universum in irgendeinem geringen Grad durch unsere Anwesenheit zu verändern. Denn soweit wir wissen und die neue Wissenschaft nicht das Gegenteil behauptet, können die Götter, die Schicksal auf der Ebene der Atome unseres Gehirns spielen, unsere eigenen Gedanken sein. Durch diese Atome können unsere Gedanken die Bewegungen unseres Körpers und damit den Zustand der Welt um uns herum beeinflussen. Die heutige Wissenschaft kann sich dem gegenüber nicht mehr verschließen. Sie kann keine unantastbaren Argumente mehr vorbringen gegen unsere angeborene Überzeugung der Existenz eines freien Willens. Auf der anderen Seite gibt sie uns aber keinen Hinweis darauf, was die Abwesenheit von Determinismus oder Kausalität bedeuten kann. Wenn wir und die Natur im Allgemeinen nicht auf eine einzigartige Weise auf äußere Reize reagieren, was bestimmt dann den Lauf der Ereignisse? Wenn überhaupt etwas den Lauf bestimmt, werden wir wieder auf Determinismus und Kausalität zurückgeworfen. Wenn es aber gar keine Kausalität gibt, wie kann dann irgendetwas geschehen?

Wie ich es sehe, werden wir eher zu keinen definitiven Schlussfolgerungen bei diesen Fragen kommen, bis wir ein besseres Verständnis der wahren Natur der Zeit haben. Die Grundgesetze der Natur, soweit wir sie gegenwärtig kennen, geben keinen Begründung für ein ständiges Fließen der Zeit: Sie lassen gleichermaßen die Möglichkeit zu, die Zeit als stillstehend oder rückwärts fließend zu betrachten. Der stetige Vorwärtslauf der Zeit, der das Wesen der Ursache-Wirkungs-Relation ist, ist etwas, das wir den bestätigten Gesetzen der Natur aus unserer eigenen Erfahrung hinzufügen. Ob es eine Eigenschaft der Natur der Zeit ist oder nicht, wissen wir einfach nicht, obwohl, wie wir in Kürze sehen werden, auf jeden Fall die Relativitätstheorie einen stetigen Vorlauf der Zeit und die Ursache-Wirkungs-Beziehung weitgehend als Illusionen brandmarken wird. Sie betrachtet die Zeit nur als eine vierte Dimension, die den drei Dimensionen des Raumes hinzugefügt werden soll, sodass der Spruch *„post hoc, ergo propter hoc"* (lat.: danach und deshalb aus diesem Grund) nicht mehr für eine Abfolge von Ereignissen in der Zeit gelten kann, als es die Folge der Telegrafenstangen entlang der Great North Road ist.

Es war schon immer das Rätsel der Natur der Zeit, das unsere Gedanken zum Stillstand brachten. Und wenn die Zeit so fundamental ist, dass uns ein Verständnis ihrer wahren

Natur für immer verwehrt ist, so werden wir auch aller Wahrscheinlichkeit nach keine Entscheidung in der alten Kontroverse zwischen Determinismus und freiem Willen treffen können.

Die mögliche Beseitigung des Determinismus und des Kausalitätsgesetzes aus der Physik sind jedoch vergleichsweise jüngere Entwicklungen in der Geschichte der Quantentheorie. Das primäre Ziel der Theorie war es, bestimmte Phänomene der Strahlung zu erklären, und um das eigentliche Problem zu verstehen, müssen wir bis Newton und bis zum siebzehnten Jahrhundert zurückgehen.

Die offensichtlichste Tatsache bei einen Lichtstrahl, jedenfalls bei oberflächlicher Betrachtung, ist seine Neigung, sich in einer geraden Linie fortzubewegen. Jeder kennt die geraden Kanten eines Sonnenstrahls, der in einem staubigen Raum fällt. Da ein schnelles Materieteilchen auch dazu neigt, sich in einer geraden Linie zu bewegen, dachten die frühen Wissenschaftler bei Licht natürlich hauptsächlich an einen Partikelstrom, der aus einer leuchtenden Quelle herausgeworfen wurden, wie Schüsse aus einer Pistole. Newton nahm diese Ansicht an und führte sie in seiner „Korpuskel-Theorie des Lichts" präzise aus.

Dennoch ist es eine Frage der alltäglichen Beobachtung, dass sich ein Lichtstrahl nicht immer in einer geraden Linie ausbreitet. Er kann durch Reflexion abrupt seine Richtung ändern, wenn er auf die Oberfläche eines Spiegels fällt. Oder sein Weg kann durch Brechung abgebogen sein, wenn er in Wasser oder irgendein flüssiges Medium eintritt. Es ist die Lichtbrechung, die ein Ruder an der Stelle gebrochen aussehen lässt, wo es in das Wasser eintaucht, und sie lässt den Fluss flacher erscheinen, als er ist, wenn wir hineingehen. Sogar zu Newtons Zeit waren die Gesetze, die diese Phänomene erzeugen, bekannt. Im Fall der Reflexion ist der Winkel, mit dem der Lichtstrahl auf den Spiegel trifft, genau derselbe wie der, mit dem er durch Reflexion zurückgeworfen wird, mit anderen Worten, das Licht springt vom Spiegel ab, wie ein Tennisball, der auf einem harten Tennisplatz aufschlägt. Im Fall der Brechung ist der Sinus des Einfallswinkels in einem konstanten Verhältnis zum Sinus des Brechungswinkels. Wir sehen, dass es Newton nicht leicht fiel zu zeigen, dass sich seine Lichtkörperchen in Übereinstimmung mit diesen Gesetzen bewegen würden, wenn sie bestimmten Kräften an den Oberflächen eines Spiegels oder einer brechenden Flüssigkeit ausgesetzt würden. Folgendes sind die Lehrsätze XCIV und XCVI aus seinem Werk mit dem Titel *Principia*:

Lehrsatz XCIV

Wenn zwei ähnliche Medien voneinander durch parallele Ebenen räumlich getrennt sind und ein Körper bei seinem Durchgang durch diesen Raum senkrecht zu einem dieser Medien angezogen oder getrieben und nicht durch irgendeine andere Kraft gestört oder behindert wird; ist die Anziehung überall dort gleich, wo die Abstände von jeder Ebene die gleichen sind, bezogen auf die gleiche Seite der Ebene. Ich sage, dass der Sinus des Einfallswinkels bei einer der Ebenen zum Sinus des Austrittswinkels bei der anderen Ebene in einem gegebenen Verhältnis steht.

Lehrsatz XCVI

Wenn unter den gleichen Voraussetzungen die Bewegung vor der Inzidenz schneller ist als nachher, und wenn die Einfallslinie geneigt ist, sage ich, dass der Körper reflektiert wird und der Reflexionswinkel gleich dem Einfallswinkel ist.

Newtons korpuskulare Theorie ereilte das Schicksal bei der Tatsache, dass, wenn ein Lichtstrahl auf die Oberfläche des Wassers fällt, nur ein Teil davon gebrochen wird. Der Rest wird reflektiert, und es ist dieser letzte Teil, der die gewöhnlichen Reflexionen von Gegenständen in einem See oder das Gekräuselte des Mondlichtes auf dem Meer erzeugt. Es wurde eingewendet, dass die Theorie von Newton diese Reflexion nicht berücksichtigte, denn wenn das Licht aus Korpuskeln bestünde, hätten die Kräfte an der Oberfläche des Wassers alle Korpuskeln gleich behandeln müssen.

Wenn ein Korpuskel gebrochen wäre, sollten alle so sein, und das würde es nicht zulassen, dass Wasser die Sonne, den Mond oder die Sterne reflektiert. Newton versuchte, diesem Einwand zu begegnen, indem er „wechselnden Zuständen der Übertragung und Reflexion auf der Oberfläche" dem Wassers zuschrieb – das Teilchen, das auf die Oberfläche fiel, wurde in einem Augenblick durchgelassen, aber im nächsten Augenblick wurden die Tore geschlossen und ihr Begleiter wurde abgewiesen, um reflektiertes Licht zu bilden. Diese Auffassung war seltsam und nahm auffallend die moderne Quantentheorie vorweg, welche die Gleichförmigkeit der Natur aufgibt und den Determinismus durch Wahrscheinlichkeiten ersetzt, aber sie scheiterte an dem damaligen Zeitgeist.

Und auf jeden Fall wurde die Korpuskulartheorie noch mit anderen und ernsteren Schwierigkeiten konfrontiert. Wenn man weiter ins Detail geht, erkennt man dass sich Licht nicht auf absoluten Geraden bewegt, wie es die Bewegungen von Teilchen nahelegen würde. Ein großer Gegenstand, wie ein Haus oder ein Berg, wirft einen bestimmten Schatten, und schützt ebenso vor der Blendung der Sonne, wie vor einem Teilchenhagel. Aber ein winziges Objekt, wie etwa ein sehr dünner Draht, ein Haar oder eine Faser, wirft keinen solchen Schatten. Wenn wir es vor eine Wand halten, bleibt kein Teil der Wand unbeleuchtet. In gewisser Weise beugt sich das Licht, und anstelle eines bestimmten Schattens sehen wir einen Wechsel von hellen und verhältnismäßig dunkleren parallelen Bändern, die als „Interferenzbänder" bekannt sind. Um ein anderes Beispiel zu nehmen, ein großes kreisförmiges Loch hinterlässt auf einer Wand einen kreisförmigen Lichtfleck. Aber machen wir das Loch so klein wie das kleinste aller Nadellöcher, ist das Muster, das auf die Wand durch dieses Loch geworfen wird, kein winziger kreisförmiger Lichtfleck, sondern ein weit größeres Muster von konzentrischen Ringen, in denen helle und dunkle Ringe abwechseln – „Beugungsringe." Abb. 1 auf Tafel II (S. 59) zeigt das Muster, das man dann erhält, wenn ein Lichtstrahl durch so ein Loch auf eine fotografische Platte gelangt. Das ganze Licht, das mehr ist als einen Nadelloch-Radius von der Mitte entfernt ist, hat sich in gewisser Weise um den Rand des Loches gebeugt.

Newton betrachtete diese Phänomene als Beweis dafür, dass seine „Lichtkörperchen" durch feste Materie angezogen wurden. Er schrieb:

Die im Raum befindlichen Lichtstrahlen, werden bei ihrer Passage in der Nähe von Körperkanten, mögen diese transparent oder undurchsichtig sein (wie beispielsweise an den kreisförmigen und rechteckigen Kanten von Münzen, Messern, Steinen oder Glas), gebeugt oder um diese Körper herumgekrümmt, als würden sie von ihnen angezogen. Und die

Strahlen, die bei ihrer Passage den Körpern am nächsten waren, sind die am meisten gebeugten, als würden sie am meisten angezogen.

Auch hier nahm Newton seltsam vorausschauend die heutige Wissenschaft voraus, wobei seine vermeintlichen Kräfte den „Quantenkräften" der modernen Wellenmechanik genau analog waren. Aber seine Ansichten ergaben keine detaillierte Erklärung der Beugungsphänomene, und so fanden sie keine günstige Aufnahme.

Mit der Zeit wurden alle diese und ähnliche Phänomene hinreichend erklärt, indem man annahm, dass das Licht aus Wellen besteht, die denen ähnlich sind, die der Wind auf dem Meer hervorruft, außer dass anstelle jeder Welle, die viele Meter lang ist, viele Tausende von Wellen auf einen Zentimeter gehen. Lichtwellen biegen sich um ein kleines Hindernis herum genauso, wie sich die Wellen des Meeres um einen kleinen Felsen beugen. Ein Meilen langes felsiges Riff gewährt fast vollkommenen Schutz vor dem Meer, aber ein kleiner Felsen gewährt keinen solchen Schutz - die Wellen passieren ihn auf jeder Seite und vereinen sich wieder dahinter, ebenso wie sich die Wellen des Lichts wieder hinter unseren dünnen Haaren oder einer Faser vereinen. In gleicher Weise rollen Seewellen, die sich dem Eingang eines Hafens nähern, nicht in gerader Linie über das Hafenwasser, sondern beugen sich um die Kanten des Wellenbrechers und machen die ganze Oberfläche des Hafenwassers rau. Abb. 1 von Tafel II (S. 59) zeigt die „Rauheit" jenseits eines Nadellochs, die durch Lichtwellen erzeugt wird, die um die Kanten des Nadellochs gebeugt wurden, wie Seewellen, die sich um einen Wellenbrecher biegen. Das siebzehnte Jahrhundert betrachtete das Licht als einen Hagel von Stoffteilchen. Das achtzehnte Jahrhundert, das entdeckte, dass diese Theorie unzureichend war, um kleinere Phänomene wie die eben beschriebenen zu erklären, hat die Teilchen durch Wellenzüge ersetzt.

Doch der Ersatz brachte neue Schwierigkeiten mit sich. Wenn das Sonnenlicht durch ein Prisma geführt wird, wird es in ein regenbogenartiges „Spektrum" von Farben - rot, orange, gelb, grün, blau, indigo und violett - zerlegt. Wenn das Licht aus solchen Wellen wie die Wellen des Meeres bestände, kann man zeigen, dass das Licht des analysierten Sonnenlichtes am äußersten violetten Ende des Spektrums zu finden sein müsste. Und nicht nur das, extreme violette Wellen haben eine unbegrenzte Fähigkeit, Energie zu absorbieren, und da sie ihre Münder dauerhaft weit offen halten, würde die ganze Energie des Universums schnell in die Form von violetter oder ultravioletter Strahlung übergehen, die den ganzen Raum durchfließt.

Die „Quantentheorie" entstand in der Bemühung, die Wellenlehre des Lichts von diesem

Fehler zu befreien. Sie war damit vollkommen erfolgreich. Sie hat gezeigt, dass Newton nicht ganz falsch lag, das Licht als korpuskular zu betrachten, denn sie hat bewiesen, dass ein Lichtstrahl mit fast der gleichen Bestimmtheit in diskrete Einheiten, sogenannte „Lichtquanten" oder „Photonen", zerlegt werden kann, wie eine Regenwolke in Wassertropfen, ein Kugelhagel in einzelne Stücke Blei oder ein Gas in getrennte Moleküle.

Gleichzeitig verliert das Licht nicht seinen Wellencharakter. Mit jedem kleinen Lichtpaket ist auch eine bestimmte Menge von dem verbunden, was der Natur einer Länge entspricht. Wir nennen dies seine „Wellenlänge", denn wenn das Licht mit einem Prisma geprüft wird, verhält es sich genau so wie es Wellen dieser bestimmten Wellenlänge tun würden. Das Licht einer langen Welle besteht aus kleinen Päckchen und umgekehrt, wobei die Energiemenge in jedem Paket umgekehrt proportional zu dieser Wellenlänge ist, sodass wir immer die Energie eines Photons aus seiner Wellenlänge berechnen können und umgekehrt.

Es ist unmöglich, die große Menge der Beweise, auf denen diese Vorstellungen beruhen, zusammenzufassen. Ausnahmslos alles zeigt, dass das Licht Laborapparate in unzerteilten Photonen durchquert. Keine Beobachtung, die je gemacht wurde, hat die Existenz des Bruchteils eines Photons offenbart, oder irgendeinen Grund für die Vermutung gegeben,

DIE NEUE WELT DER MODERNEN PHYSIK

TAFEL II, DIE BEUGUNG VON LICHT UND ELEKTRONEN.

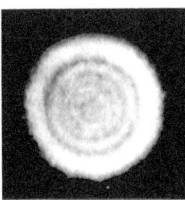

Abb. 1: Beugungsringe, hervorgerufen durch Licht, das durch eine Nadellochöffnung in einem undurchsichtigen Schirm fällt. (N.R. Fowler)

Abb. 2: Beugungsringe, hervorgerufen durch Elektronen, die durch ein winziges Flächenstück eines Goldfilms hindurchgehen (G.P. Thomson)

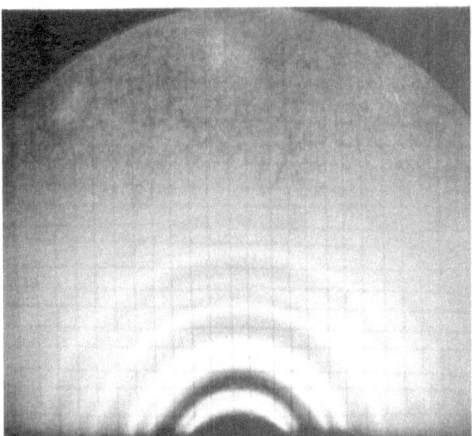

Abb. 3: Beugungsringe, hervorgerufen durch die Reflektion von Elektronen an einer winzigen goldenen Fläche (G. P. Thomson)

dass so etwas überhaupt existieren kann. Zwei Beispiele werden das Ganze veranschaulichen.

Strahlung kann unter geeigneten Bedingungen die Atome zertrümmern, auf die sie fällt. Eine Untersuchung der zertrümmerten Atome offenbart, wie viel Energie auf jedes eingewirkt hat, um es zu zertrümmern. Unveränderlich erweist sich die Energie als genau die eines kompletten Photons, wie sie aus seiner bekannten Wellenlänge berechnet wird. Es ist, als ob eine Armee aus Licht in Konflikt mit einer Armee aus Materie gekommen wäre. Es ist seit Langem bekannt, dass die letztere Armee aus einzelnen Soldaten, den Atomen besteht. Es scheint nun, dass das Erstere auch aus einzelnen Soldaten, den Photonen, besteht, und eine Untersuchung des Schlachtfeldes ergibt, dass der Konflikt aus einzelnen Mann-zu-Mann-Begegnungen besteht.

Als zweites Beispiel hat Professor Compton von Chicago untersucht, was passiert, wenn Röntgenstrahlung auf Elektronen fällt. Er findet, dass die Strahlung genauso verstreut ist, als ob sie aus materiellen Teilchen des Lichts, den Photonen, besteht, die sich als getrennte, abgetrennte Einheiten bewegen, diesmal wie Kugeln auf einem Schlachtfeld und alle Elektronen schlagen, die ihnen im Wege stehen. Das Ausmaß, in dem einzelne Photonen bei diesen Kollisionen von ihren Kursen abgelenkt werden, ermöglicht es, die Energie der Photonen zu berechnen, und wiederum ergibt sich, dass sie mit der aus ihrer Wellenlänge berechneten übereinstimmt.

Diese Vorstellung von unteilbaren Photonen führt uns wieder zur Unbestimmtheit. Es gibt verschiedene Methoden, einen Lichtstrahl in zwei Teile aufzuteilen, die verschiedenen Wegen folgen. Wenn der Strahl auf ein einziges Photon reduziert wird, muss es entweder dem einem Pfad oder dem anderen folgen. Es kann sich nicht über beide verteilen, weil das Photon unteilbar ist. Und seine Wahl des Weges erweist sich als eine Frage der Wahrscheinlichkeit und nicht der Bestimmtheit.

Auf diese Weise scheint es, dass das siebzehnte Jahrhundert, welches das Licht als bloße Teilchen betrachtete, und das 19. Jahrhundert, das es als bloße Wellen betrachtete, beide unrecht hatten - oder, wenn wir es vorziehen, beide recht. Licht, und zwar Strahlung aller Art, ist gleichzeitig beides, Teilchen und Wellen. In den Experimenten von Professor Compton fallen Röntgenstrahlen auf einzelne Elektronen und verhalten sich wie ein Hagel diskreter Teilchen. In den Experimenten von Laue, Bragg und anderen fällt die genau gleiche Strahlung auf einen festen Kristall und verhält sich in jeder Hinsicht wie eine Folge von Wellen. Und dasselbe wiederholt sich in der ganzen Natur. Die gleiche Strahlung kann gleichzeitig Partikeln und Wellen ähneln. Jetzt verhält sie sich wie Partikel, jetzt wie Wellen. Kein bis jetzt bekanntes allgemeines Prinzip kann uns sagen, welches Verhalten es in einer bestimmten Situation wählen wird.

Offenbar können wir unseren Glauben an die Einheitlichkeit der Natur nur bewahren, indem wir die Annahme machen, dass Teilchen und Wellen im Wesentlichen das gleiche sind. Und das bringt uns zur zweiten und viel spannenderen Hälfte unserer Geschichte. Die erste Hälfte, die soeben erzählt wurde, ist, dass Strahlung einmal als Wellen und ein anderes Mal als Teilchen erscheinen kann. Die Zweite ist, dass Elektronen und Protonen, die Grundeinheiten aus der neben den elektrisch neutralen Neutronen alle Materie zusammengesetzt ist, nun auch als Teilchen und ein anderes Mal als Wellen erscheinen können. In der Natur von Elektronen und Protonen wurde eine Dualität entdeckt, ähnlich dem, wie sie bekanntermaßen in der Natur der Strahlung existiert. Auch diese scheinen gleichzeitig Teilchen und Wellen zu sein.

Als Newtons Korpuskulartheorie des Lichts zuerst der wellenförmigen Theorie Platz machte, wurde es notwendig, zu erklären, wie eine Folge von Wellen dem Verhalten eines Partikelschauers ähneln und sich in einer geraden Linie bewegen kann, außer wenn sie von ihrem Lauf durch Reflexion oder Brechung abgelenkt wird. Denn wenn der Sonnenstrahl, der durch einen Spalt im Fensterladen dringt, aus Wellen besteht, war natürlich zu erwarten, dass er sich im ganzen Raum ausbreiten würde, so wie sich eine Kräuselung über die ganze Oberfläche eines Teiches ausbreitet oder wie ein sehr schmaler Strahl, der durch ein Nadelloch hindurchgegangen ist, sich wie in Abb. 1 von Tafel II ausgebreitet hat. Doch Young und Fresnel zeigten, dass eine ungestörte Folge von Wellen von ausreichender Breite sich als Strahl bewegen würde, ohne nennenswerte seitliche Ausbreitung - wie ein Hagel sich bewegender Teilchen - und würde von einem Spiegel in der gleichen Weise reflektiert werden, wie ein Geschoss von einer vollkommen harten Oberfläche abprallt. Es wurde auch gezeigt, dass ein solches Wellensystem nach den bekannten Lichtbrechungsgesetzen gebrochen würde. Schließlich, wenn ein solches System von Wellen durch ein Medium reiste, dessen Brechkraft sich kontinuierlich änderte, wäre sein Weg ähnlich dem eines Teilchens, das von einem geraden Weg durch kontinuierlich wirkende Kräfte abweichen würde. Tatsächlich könnten die beiden Wege identisch gemacht werden, indem man an jedem Punkt die Kraft aufwendet, die proportional zur Änderung des Quadrats des Brechungsindexes ist. Dies erklärte den Erfolg von Newtons Lehrsätzen XCIV und XCVI, die wir auf S. 52 zitiert haben.

Was auch immer die Teilchen von Newtons Korpuskulartheorie tun könnten, eine Folge von Wellen könnte das Gleiche tun. Aber gerade wegen ihrer größeren Komplexität könnten sie mehr bewirken, und in jedem Fall, in dem die Partikel nicht dem Lichtverhalten gleichen, wurde festgestellt, dass ein Wellensystem die Rolle vollständig ausfüllen könnte. Auf diese Weise wurden Newtons vermeintliche Teilchen in Wellensysteme aufgelöst.

Im letzten Jahrhundert haben wir gesehen, dass die Teilchen aus denen gewöhnliche Materie gebildet wird - d. h. Protonen und Elektronen - auf ähnliche Weise in Wellensysteme aufgelöst wurden. In vielen Fällen ist das Verhalten eines Elektrons oder eines Protons zu komplex, um es als Bewegung eines bloßen Teilchens zu erklären. Louis de Broglie, Schrödinger und andere haben dementsprechend versucht, die Bewegung als das Verhalten einer Gruppe von Wellen zu interpretieren und damit den Zweig der mathematischen Physik begründet, der heute als „Wellenmechanik" bekannt ist.

Wenn wir einen gewöhnlichen Tennisball sehen, der von der Oberfläche eines vollkommen harten Tennisplatzes abprallt, werden wir feststellen, dass seine Bewegung die gleiche ist wie die eines Lichtstrahls, der an der Oberfläche eines Spiegels reflektiert wird, sodass wir mit Recht sagen können, dass der Ball von der Oberfläche des Hofes „reflektiert" wird. Aber durch diese Entdeckung ist nicht viel gewonnen. Zweifellos würde sie uns erlauben, einen Tennisball als ein System von Wellen zu interpretieren, wenn wir das wollten, aber wir wollen es nicht. Für ein Ding das wir sehen können, wie den Tennisball, denken wir, dass es kein System von Wellen ist.

Der Fall wäre anders, wenn das bewegte Objekt kein Tennisball wäre, sondern ein Elektron. Wenn die Bewegung eines Elektrons als etwas beobachtet würde, das von einer Oberfläche wie ein Wellensystem zurückgeworfen wird, so könnte nichts die Möglichkeit ausschließen, dass das Elektron ein Wellensystem ist. Niemand kann jetzt sagen – „Das interessiert mich nicht - ich kann das Elektron sehen, und es ist eindeutig kein Wellensystem", denn niemand hat jemals ein Elektron gesehen, oder hat die entlegenste Vorstellung davon, wie es aussehen mag. Es steht uns genau so frei, ein Elektron à priori als ein System von Wellen zu betrachten, wie Newtons Lichtteilchen als Wellensysteme. Und um herauszufinden, ob ein Elektron wirklich ein Wellensystem ist, müssen wir uns den Phänomenen zuwenden, bei denen sich ein hartes Teilchen und ein Wellensystem anders als erwartet verhalten.

Nun sind die Phänomene, bei denen sich das Elektron nicht so verhält, wie man es erwartet, solange man es als Teilchen betrachtete, genau jene Gruppe von Phänomenen, die wir suchen, und in jedem Fall findet man, dass das Elektron sich genau wie ein Wellensystem verhält. Ein besonderes Phänomen ist das eines Elektronenschauers, der von einer Metallplatte abprallt. Die Elektronen hüpfen nicht wie Hagelkörner oder Tennisbälle, sondern erzeugen ein Beugungsmuster (S. 59) genauso als wären sie ein Wellensystem (siehe Tafel II, Abb.

3). Und es ist das Gleiche, wenn die Elektronen durch eine kleine Blende geschossen werden. Sie verbreiten sich seitlich aus und erzeugen ein Beugungsmuster, das sehr ähnlich dem ist, das durch Lichtwellen erzeugt wird (siehe Tafel II, Abb. 1 und 2). Das beweist natürlich nicht, dass ein Elektron tatsächlich aus Wellen besteht, aber es stellt sich die Frage, ob ein Wellensystem ein besseres Bild vom Elektron liefert als ein hartes Teilchen. Tatsächlich liefert ein Wellensystem ein Bild, das noch nie bei Voraussagen über das Verhalten von Elektronen versagte, während die Konzeption eines Elektrons als hartes Teilchen unzählige Male versagt hat.

Die neue Wellenmechanik zeigt, dass sich ein bewegendes Elektron oder Proton wie ein System von Wellen mit ganz bestimmter Wellenlänge verhalten sollte. Das hängt von der Masse des bewegten Teilchens und von seiner Bewegungsgeschwindigkeit ab, aber von nichts anderem. Und die Wellenlängen, welche die Wellenmechanik den Elektronen und Protonen zuordnet, die sich unter gewöhnlichen Laborbedingungen bewegen, können leicht mit den üblichen Laborgeräten gemessen werden.

Experimente, wie man als Reflexion und Brechung von Elektronen bezeichnen kann, wurden von Davisson und Germer in Amerika, von Professor G. P. Thomson in Aberdeen, von Rupp in Deutschland, von Kikuchi in Japan und von Dauvillier in Frankreich durchgeführt. Bewegliche Elektronen wurden als paralleler

Strahl entweder auf oder durch eine metallische Oberfläche geschossen. Und in jedem Fall ist der Effekt, der auf einer geeignet platzierten fotografischen Platte aufgezeichnet wurde, überhaupt nicht das, was man beobachten würde, wenn sich die Elektronen wie eine Ladung Schrot oder wie andere harte Teilchen verhielten. Man erhielt immer ein Beugungsmuster, das aus einem System konzentrischer Ringe besteht, wobei helle und dunkle Ringe sich abwechseln. Das Muster ist das gleiche, wie man es erhielte, wenn Wellen einer bestimmten Wellenlänge auf das Metall gefallen wären, und wenn man die Wellenlänge misst, erweist sich diese als genau diejenige, die von der bereits erwähnten Formel der Wellenmechanik vorhergesagt wurde. Ebenso hat Professor A. J. Dempster von Chicago einen ähnlichen Erfolg mit bewegten Protonen gehabt.

Diese und andere Experimente machen deutlich, dass die Wellen und Wellenlängen, die mit bewegten Elektronen und Protonen verbunden sind, zumindest mehr als reiner Mythos sind. Etwas von einer wellenhaften Natur ist zweifellos beteiligt, und das Bild, das bewegende Elektronen und Protonen als Wellensysteme darstellt, erklärt ihr Verhalten viel besser, sowohl innerhalb als auch außerhalb der Atome, als das alte Bild, das sie nur als geladene Teilchen betrachtete.

Wir können zusammenfassen, indem wir sagen, dass die hier betrachteten Zutaten der

Materie (Elektronen und Protonen) und Strahlung beide eine doppelte Natur zeigen[2]. Solange die Wissenschaft sich nur mit Phänomenen im großen Maßstab beschäftigt, kann man im Allgemeinen ein adäquates Bild erhalten, wenn man annimmt, dass beide die Natur von Teilchen haben. Aber wenn die Wissenschaft der Natur näher kommt und zur Untersuchung von Kleinstphänomenen übergeht, lösen sich Materie und Strahlung gleichermaßen in Wellen auf.

Wenn wir die fundamentale Natur der Dinge verstehen wollen, dann müssen wir unsere Aufmerksamkeit auf die Phänomene des kleinsten Maßstabs richten. Hier liegt die letzte Natur der Dinge verborgen, und was wir hier finden, sind Wellen.

Auf diese Weise dämmert es uns, dass wir in einem Universum aus Wellen leben und nichts anderes als Wellen. Wir werden die Natur dieser Wellen weiter unten besprechen. Im Augenblick genügt es zu bemerken, dass die moderne Wissenschaft sehr weit von der klassischen Ansicht abgekommen ist, die das Universum als eine reine Ansammlung von harten Materiestücken betrachtete, in der gelegentlich Strahlungswellen auftraten. Und das nächste Kapitel wird uns auf demselben Weg weiter führen.

---

[2] Für die 1932 entdeckten Neutronen gilt die gleiche Aussage.

3. Materie und Strahlung

In den frühen Tagen der Wissenschaft führte die unbestrittene Annahme des Gesetzes der Kausalität als Leitgedanke in der Natur zur Entdeckung und Formulierung von Gesetzen des allgemeinen Typs „eine bestimmte Ursache A führt zu einer bekannten Wirkung B." Zum Beispiel: Die Einwirkung von Hitze auf Eis bringt es zum Schmelzen, oder genauer gesagt, Wärme verringert die Eismenge im Universum und erhöht die Wassermenge.

Der Urmensch konnte dieses Gesetz sehr leicht erkennen - er musste nur die Wirkung der Sonne auf Raureif oder den Einfluss der langen Sommertage auf die Berggletscher beobachten. Im Winter konnte er feststellen, dass kaltes Wasser wieder in Eis verwandelt wurde. In einem weiteren Stadium konnte man entdecken, dass neu gefrorenes Eis der Menge des ursprünglichen Eises vor dem Schmelzen gleich war. Es wäre dann eine natürliche Schlussfolgerung, dass etwas, das zu einer allgemeineren Kategorie gehört, als Wasser oder Eis, während der ganzen Transformation „Eis - Wasser – Eis" dem Betrag nach unverändert bleibt.

Die moderne Physik kennt die Gesetze dieser Art, die sie als „Erhaltungsgesetze" bezeichnet. Die Entdeckung, die wir gerade dem Urmenschen zugeschrieben haben, ist ein besonderer Fall des Gesetzes von der Erhaltung der Materie. Das Gesetz der „Erhaltung von X", was auch immer X sein mag, bedeutet, dass die Gesamtmenge von X im Universum unaufhörlich die gleiche bleibt: Nichts kann X in etwas umwandeln, das nicht X ist. Jedes derartige Gesetz ist notwendigerweise hypothetisch. Was es wirklich ausdrückt, ist, dass nichts, was wir bisher getan haben, es geschafft hat, die Gesamtmenge von X zu ändern. Und wenn wir genug Sachen ausprobiert haben und jedes Mal versagt haben, ist es legitim, ein Gesetz der Erhaltung von X, jedenfalls als eine Arbeitshypothese aufzustellen:

Am Ende des 19. Jahrhunderts erkannte die Physik drei große Erhaltungsgesetze an:

1. Die Erhaltung der Materie.
2. Die Erhaltung der Masse.
3. Die Erhaltung der Energie.

Andere kleinere Gesetze, wie die der Erhaltung der linearen und Drehmomenten, müssen uns nicht beschäftigen, da es sich um bloße Ableitungen der drei bereits erwähnten großen Gesetze handelt.

Von den drei Hauptgesetzen war die Erhaltung der Materie das altehrwürdigste. Es war schon aus der atomistischen Philosophie von Demokrit und Lucretius gefolgert worden, nach der alle Materie aus unerschöpflichen, unveränderlichen und unzerstörbaren Atomen bestehen sollte. Das Gesetz behauptet, dass der

Materieinhalt des Universums unverändert bliebe, und der Materiegehalt irgendeines Teils des Universums oder eines Raumes gleich blieb, außer dieser wurde durch das Eindringen oder Austreten von Atomen verändert. Das Universum war eine Bühne, auf der immer die gleichen Schauspieler - die Atome - ihre Rollen spielten, die sich nur durch die Verkleidungen und Gruppierungen unterschieden, ohne ihre Identität zu ändern. Und diese Schauspieler waren mit Unsterblichkeit ausgestattet.

Das zweite Gesetz, das der Erhaltung der Masse, war moderneren Ursprungs. Newton hatte vermutet, dass mit jedem Körper oder jede Substanz eine unveränderliche Größe, die Masse, verbunden sei, die ein Maß darstellte für seine „Trägheit" oder seinem Widerstreben, eine Bewegung zu ändern. Wenn ein Kraftfahrzeug die doppelte Motorleistung eines anderen nötig hat, um uns die gleiche Kontrolle über sein Bewegungsverhalten zu geben, sagen wir, dass es die doppelte Masse des letzteren Autos hat. Das Gesetz der Gravitation behauptet, dass die Gravitationsanziehung auf zwei Körper in genauem Verhältnis zu ihren Massen steht. Wenn also die Anziehung der Erde auf zwei Körper gleich ist, müssen auch ihre „Massen" gleich sein. Daraus folgt, dass die einfachste Art, die Masse eines Körpers festzustellen, darin besteht, ihn zu wiegen.

Im Laufe der Zeit zeigte die Chemie, dass die lukretischen „Atome" kein Recht auf ihren

Namen hatten. Sie erwiesen sich gar nicht als „unzerschneidbar", und so nannte man sie von nun an „Moleküle", wobei der Begriff Atom für die kleineren Einheiten reserviert war, in welche die Moleküle zerlegt werden konnten. Es gibt viele Wege, auf denen Moleküle in ihre Atome zerlegt werden können. Eine bloße Berührung mit anderen Molekülen kann schon genügen, z. B. wenn Eisen rostet oder wenn Säure auf Metall gegossen wird. Moleküle können auch durch Brennen, Explodieren, Erwärmen oder durch das Auftreffen von Licht aufgelöst werden. Wenn z. B. eine Flasche Wasserstoffperoxid an einem hellen Ort steht, zerlegt der bloße Durchgang von Licht durch die Flüssigkeit jedes Molekül Wasserstoffperoxid (H_2O_2) in ein Molekül Wasser (H_2O) und ein Atom Sauerstoff (O). Wenn wir den Korken aus unserer Flasche nehmen, hören wir einen Plop, der durch das Entweichen des Sauerstoffgases verursacht wird, und stellen fest, dass ein Teil des Wasserstoffperoxids in Wasser verwandelt wurde. Moleküle aus Silberbromid werden auch durch das Auftreten von Licht neu arrangiert, wobei diese Veränderung die Grundlage der Fotografie bildet.

Gegen Ende des achtzehnten Jahrhunderts glaubte Lavoisier, er habe festgestellt, dass das Gesamtgewicht der Materie während aller chemischen Veränderungen, die er herbeiführen konnte, unverändert blieb. Zu gegebener Zeit wurde das Gesetz der „Erhaltung der Masse" als integraler Bestandteil der Wissenschaft akzeptiert. Wir wissen jetzt, dass es nicht ganz genau ist. Das Gewicht des Sauerstoffs, der aus unserer Flasche Peroxid entweicht, die zu dem der verbleibenden Flüssigkeit hinzugefügt wird, ist etwas größer als das Gewicht des ursprünglichen Peroxids, und eine fotografische Platte gewinnt an Gewicht, indem sie dem Licht ausgesetzt wird. Wir werden in Kürze sehen, dass das Gesetz ungenau ist, weil es das Gewicht des von den Wasserstoffperoxid-Molekülen oder vom Silberbromid absorbierten Lichtes vernachlässigt.

Das dritte Prinzip, das der Erhaltung der Energie, ist das jüngste von allen. Energie kann in einer Vielzahl von Formen existieren, von denen die einfachste reine Bewegungsenergie ist - die Bewegung eines Zuges auf einer ebenen Schiene oder eines Billardballs über einen Tisch.

Newton hatte gezeigt, dass diese rein mechanische Energie „erhalten" bleibt. Wenn zum Beispiel zwei Billardkugeln kollidieren, ändert sich die Energie von jeder, aber die Gesamtenergie der beiden bleibt unverändert. Die eine gibt der anderen Energie, aber bei der Transaktion ist keine Energie verloren gegangen oder wurde gewonnen. Das gilt jedoch nur, wenn die Kugeln „vollkommen elastisch" sind, ein idealer Zustand, bei dem die Kugeln mit der gleichen Geschwindigkeit, mit der sie aufeinanderstießen, voneinander zurückspringen. Unter den tatsächlichen Bedingungen, wie sie in der

Natur vorkommen, scheint mechanische Energie ständig verloren zu gehen. Eine Kugel verliert Geschwindigkeit beim Durchgang durch die Luft, und ein Zug kommt mit der Zeit zum Stehen, wenn der Motor abgeschaltet wird. In all diesen Fällen entstehen Hitze und Schall. Nun hat eine lange Reihe von Untersuchungen gezeigt, dass Wärme und Schall selbst Energieformen sind. In einer klassischen Reihe von Experimenten, die 1840-50 gemacht wurden, maß Joule die Energie der Wärme und versuchte, die Energie des Schalls mit dem rudimentären Apparat einer Violoncello-Saite zu messen. Obwohl seine Experimente unvollkommen waren, führten sie zur Anerkennung der „Erhaltung der Energie" als ein Prinzip, das alle bekannten Umwandlungen der Energie durch seine verschiedenen Arten, wie mechanischer Energie, Wärme, Schall und elektrischer Energie, abdeckte. Kurzum, die Experimente zeigten, dass die Energie umgewandelt wird, anstatt verloren zu gehen, ein scheinbarer Verlust der Bewegungsenergie wird durch das Auftreten einer genau gleichen Energie von Wärme und Schall kompensiert. Die Bewegungsenergie des fahrenden Zuges wird durch die äquivalente Energie des Geräusches der kreischenden Bremsen und der Erwärmung von Rädern, der Bremsklötze und der Schienen ersetzt.

Während der zweiten Hälfte des neunzehnten Jahrhunderts blieben diese drei Erhaltungsgesetze unangefochten. Die Erhaltung der Masse wurde nicht von der Erhaltung der

Materie unterschieden, weil die Masse irgendeines Körpers als die Summe der Massen ihrer Atome angesehen wurde. Das erklärte natürlich auf einfache Weise - allzu einfach, wie wir jetzt wissen – warum die Gesamtmasse nicht durch chemische Einwirkung verändert werden konnte. Aber das neu entdeckte Prinzip der Erhaltung der Energie stand abseits der beiden älteren Gesetze, als ein Ding an sich. Das Universum wurde noch als eine Bühne betrachtet, in der die Spieler Atome waren, von denen jedes seine Identität und Masse durch alle Zeiten bewahrte. Um das Bild zu vervollständigen, wurde eine Entität, die man Energie nannte zum einigenden Band zwischen den Spielern, und diese war wie die Spieler selbst, nicht in der Lage, sich neu zu erschaffen oder zu vernichten.

Diese drei Erhaltungsgesetze hätte man selbstverständlich nur als Arbeitshypothesen behandeln sollen, um in jeder denkbaren Weise zu überprüfen und zu verwerfen, sobald sie Anzeichen des Versagens zeigten. Doch so sicher schienen sie zu stehen, dass sie als unbestreitbare universelle Gesetze behandelt wurden. Die Physiker des 19. Jahrhunderts waren gewohnt, darüber so zu schreiben, als ob diese Gesetze das ganze Universum beherrschten, und das war die Grundlage, auf der die Philosophen ihre Dogmen über die Natur des Universums aufstellten.

Es war die Ruhe vor dem Sturm. Das erste Rumpeln des herannahenden Unwetters war eine theoretische Untersuchung von Sir J. J. Thomson, die zeigte, dass die Masse eines elektrisierten Körpers verändert werden könne, indem man sie in Bewegung setzt. Je schneller ein solcher Körper sich bewegte, desto größer wurde seine Masse, im Gegensatz zu Newtons Begriff einer festen unveränderlichen Masse. Für den Augenblick schien die Wissenschaft das Prinzip der Erhaltung der Masse aufgegeben zu haben.

Für eine Zeit blieb diese Folgerung von rein akademischem Interesse. Sie konnte nicht durch Beobachtungen überprüft werden, weil die gewöhnlichen Körper weder mit genügender Elektrizität geladen noch ausreichend schnell in Bewegung gesetzt werden konnten, damit die von der Theorie vorhergesagten Veränderungen der Masse wahrnehmbar wurden. Dann, als das neunzehnte Jahrhundert zu Ende ging, begannen Sir J. J. Thomson und seine Anhänger das Atom zu zerlegen, das sich jetzt nicht mehr unteilbar erwies, und so nicht mehr berechtigt war, den Namen „Atom" zu führen, als das Molekül, das diesen Namen zuvor geführt hatte. Sie waren nur in der Lage, kleine Teile abzulösen, und auch im 21. Jh. ist die Zerlegung des Atoms in immer mehr Bestandteile eine Aufgabe der Physik. Die Fragmente die Thomson fand, glichen einander präzise und waren alle mit negativer Elektrizität geladen. Sie wurden dementsprechend Elektronen genannt.

Diese Elektronen sind viel intensiver elektrifiziert, als ein gewöhnlicher Körper jemals sein kann. Ein Gramm Gold, geschlagen so dünn wie es geht, in ein Quadratmeter großes Goldblatt ausgewalzt, kann im günstigsten Fall eine Ladung von etwa 60.000 elektrostatischen Elektrizitätseinheiten aufnehmen, aber ein Gramm Elektronen trägt eine permanente Ladung, die etwa neun Milliarden Mal größer ist. Aus diesem Grund und weil Elektronen auf elektrischem Weg mit Geschwindigkeiten von mehr als 150.000 Kilometern pro Sekunde in Bewegung gesetzt werden können, kann man leicht verifizieren, dass die Elektronenmasse sich mit der Geschwindigkeit ändert. Genaue Experimente haben gezeigt, dass diese Veränderung genauso groß ist, wie die Theorie voraussagte.

Hauptsächlich dank der Forschungen von Sir Ernest Rutherford steht nun fest, dass jedes Atom aus negativ geladenen Elektronen und positiv geladenen Teilchen, die „Protonen" genannt werden aufgebaut ist. (Anm. des Übersetzers: Ernest Rutherford sagte im Jahr 1920 einen weiteren, diesmal neutralen Kernbaustein voraus. William Draper Harkins bezeichnete dieses Teilchen 1921 als Neutron. Es wurde allerdings erst 1931 definitiv nachgewiesen. Das Neutron ist Bestandteil der meisten Atomkerne. Es trägt zwar keine elektrische

Ladung, unterliegt aber dennoch der elektromagnetischen[3] Wechselwirkung. Mit der Entdeckung des Neutrons konnte die Beschreibung des Atomaufbaus vorerst vollendet werden.)

Materie ist also nichts anderes als eine Ansammlung von Partikeln, die der elektromagnetischen Wechselwirkung unterliegen. Mit einer einzigen Wendung des Kaleidoskops sind alle Wissenschaften, die sich mit den Eigenschaften und der Struktur der Materie beschäftigen, zu einem Zweig der Elektrizitätslehre geworden, die auch Elektrodynamik genannt wird. Davor hatten bereits Faraday und Maxwell gezeigt, dass alle Strahlung ihrer Natur nach elektromagnetisch ist, sodass die Elektrodynamik jetzt die gesamte Physik umfasst.

Da jeder Körper eine Sammlung von elektrisch geladenen Teilchen ist, zeigt die bereits erwähnte theoretische Untersuchung, dass sich die Masse jedes bewegten Körpers mit seiner Bewegungsgeschwindigkeit verändern muss. Die Masse eines sich bewegenden Körpers kann als aus zwei Teilen bestehend ansehen - einen festen Teil, den der Körper auch im Ruhezustand behält, bekannt als „Ruhemasse", und einen variablen Teil, der von der Geschwindigkeit seiner Bewegung abhängt. Sowohl Beobachtung wie auch Theorie haben

---

[3] Als **elektromagnetische Welle** bezeichnet man eine Welle aus gekoppelten elektrischen und magnetischen Feldern. Beispiele für elektromagnetische Wellen, die auch als **elektromagnetische Strahlung** oder kürzer Strahlung bezeichnet werden sind Radiowellen, Wärmestrahlung, Licht, Röntgenstrahlung und Gammastrahlung.

gezeigt, dass dieser zweite Teil genau proportional zur Bewegungsenergie des Körpers ist. Die Massen von zwei Elektronen oder irgendwelcher zwei anderen ähnlichen Körper, unterscheiden sich nur in der Größe, um die sich ihre Energien unterscheiden.

Im Jahre 1905 erweiterte Einstein diese Tatsache im Rahmen einer ungeheuren Verallgemeinerung. Er zeigte, dass nicht nur die Bewegungsenergie, sondern die Energie jeder erdenklichen Art eine eigene Masse besitzen muss. Wenn es nicht so wäre, könnte die Relativitätstheorie nicht stimmen. Auf diese Weise wurde jede Überprüfung der Relativitätstheorie durch Beobachtung zur Bestätigung für die Richtigkeit der Hypothese, dass Energie Masse besitzt. Einsteins Untersuchung zeigte, dass die Masse der Energie irgendwelcher Art nur von der Menge der Energie abhängt, zu der sie genau proportional ist, aber auch außerordentlich klein. Das sollen folgende Beispiele verdeutlichen: Das Passagierschiff RMS Mauretania wiegt voll beladen etwa 50.000 Tonnen. Wenn es mit 25 Knoten reist, erhöht seine Bewegung das Gewicht nur um etwa den millionstel Teil einer englischen Unze. Die Energie, die ein Mensch während lebenslanger schwerer Handarbeit aufbringt, wiegt nur den 60.000sten Teil einer Unze.

Diese Entdeckung machte es möglich, das Prinzip der Erhaltung der Masse wieder einzusetzen. Denn die Masse ist die Summe aus

Ruhemasse und energetischer Masse und da jede von ihnen getrennt erhalten bleibt (die Erstere, weil die Materie erhalten bleibt, und die Letztere, weil die Energie erhalten bleibt), muss die Gesamtmasse erhalten bleiben. Die Physik des 19. Jahrhunderts hatte die Erhaltung der Masse als Folge nur der Erhaltung der Materie angesehen. Die Physik des 20. Jahrhunderts entdeckte, dass daran auch die Erhaltung der Energie beteiligt ist. Die Masse bleibt jetzt nur deshalb erhalten, weil Materie und Energie jede für sich erhalten bleiben.

Solange Atome als dauerhaft und unzerstörbar angesehen wurden - „die unvergänglichen Grundsteine des Universums", um Maxwells Phrase zu gebrauchen - war es natürlich, sie als die Grundbestandteile des Universums zu behandeln. Kurz gesagt, das Universum war ein Universum aus Atomen, in dem die Strahlung nur eine geringe Rolle spielte. Man nahm an, dass hin und wieder ein Atom in Schwingung geriet, etwa wie eine Glocke die angeschlagen wird, und dann für eine kurze Zeit Strahlung aussandte, wie eine Glocke Schallwellen aussendet, bis es wieder in den normalen Zustand der Ruhe zurückfällt. Aber Strahlung wurde nicht als ein primärer Bestandteil von Materie angesehen, genauso wenig wie der Klang eines Glockenspiels ein primärer Bestandteil der Glocke ist. Übrigens erklärt dies, warum es unmöglich war sich vorzustellen, wie die Sonne für Milliarden Jahre ununterbrochen Strahlung aussenden konnte. Sonnenlicht glaubte man, würde durch die Bewegung der Atome produziert, aber niemand konnte sich vorstellen, was diese Bewegung aufrechterhält.

Die Szene begann sich zu ändern, sobald man erkannte, dass das Atom überwiegend aus elektrisch geladenen Teilchen aufgebaut ist. Denn egal wie weit wir uns von einem elektrisch geladenen Teilchen entfernen, können wir niemals außerhalb der Reichweite seiner Anziehung oder Abstoßungen kommen. Das zeigt, dass ein Elektron, in gewissem Sinne wenigstens, den ganzen Raum einnehmen muss. Faraday und Maxwell machten die Sache noch deutlicher. Sie stellten ein elektrisch geladenes Teilchen als polypenartige Struktur dar, ein kleiner fester Körper, der Fühler oder Tentakel, die „Kraftlinien" genannt wurden, im ganzen Raum ausstreckt. Wenn zwei elektrisch geladene Teilchen einander anzogen oder abstießen, war es, weil ihre Tentakel irgendwie miteinander verschränkt waren, aneinander zogen oder schoben. Diese Tentakel nahm man an, würden von den elektrischen und magnetischen Kräften gebildet, die auch Strahlung erzeugt. Wenn ein Atom Strahlung aussendet, richtet es nur einige seiner Tentakel in den Weltraum, so wie ein Stachelschwein seine Stacheln aufrichtet. Dieses Konzept brachte Strahlung und Materie in nähere Beziehungen als je zuvor.

Da alle Arten von Strahlung Energieformen sind, müssen sie nach Einsteins Prinzip die mit ihnen verbundene Masse mitführen. Wenn ein Atom Strahlung aussendet, vermindert sich seine Masse durch die Masse der emittierten Strahlung, genauso wie das Gewicht eines Stachelschweins abnehmen würde, wenn es seine Stacheln abwürfe. Wenn also ein Stück Kohle verbrannt wird, so ist sein Gewicht nicht exakt die Summe vom Gewicht der Asche und des Rauchs. Wir müssen das Gewicht des Lichtes und der Wärme, die im Verbrennungsprozess emittiert wird, hinzufügen. Erst dann wird die Summe genau das Gewicht des ursprünglichen Stücks Kohle sein.

Bereits 1873 hatte Maxwell gezeigt, dass Strahlung einen Druck auf irgendeine Oberfläche ausüben kann, auf die sie fällt. Wir betrachten dies jetzt als eine notwendige Folge der Tatsache, dass die Strahlung Masse mit sich trägt. Ein Lichtstrahl besteht aus Masse die sich mit der Lichtgeschwindigkeit – 300.000 Kilometer pro Sekunde bewegt. Lebedew und später Nichols und Hull, haben diesen Druck gemessen und fanden, dass seine Stärke der von Maxwell berechneten Größe entspricht. Man konnte sehen, wie unter dem Einfluss der Strahlung eines hellen Lichts ein Ziel schwankte, so als wäre eine Kugel darauf gefeuert worden. Aber die Wirkung eines solchen Lichts, wie wir es auf der Erde erleben, ist äußerst schwach. Um die vollen Auswirkungen des Phänomens zu erkennen, müssen wir die

Erde und die Physik verlassen, die in den terrestrischen Laboratorien entwickelt worden ist, zugunsten des Himmels und der umfassenderen Physik, die wir in den kolossalen Sternenfeuern sehen. Wenn man eine gewöhnliche Sechs-Zoll-Kanonen-Kugel bis auf 50 Millionen Grad erhitzt, was der Temperatur im Zentrum der Sonne entspricht, würde der bloße Strahlungsdruck, der von ihr ausgeht, genügen, jeden umzuhauen der sich innerhalb eines Umkreises von 80 Kilometern befindet – etwa wie der Druck des Wasserstrahls aus einem Feuerwehrschlauch jemand umwerfen kann. Tatsächlich ist dieser Strahlungsdruck in den Sternen so groß, dass er zu einem beträchtlichen Teil zum Gewicht der Sterne beiträgt.

Die Berechnung zeigt, dass auf einer Quadratmeile Land direkt unter der Sonne jede Minute etwa ein Zehntausendstel einer Unze Sonnenlicht fällt. Es fällt mit Lichtgeschwindigkeit und wenn es zur Ruhe kommt, übt es einen Druck von etwa 0,000.000.000.04 Atmosphären auf das Land aus. Die Zahlen sehen absurd klein aus - das Gewicht des Sonnenscheins, das in einem Jahrhundert herabfällt, ist geringer als das Gewicht des Regens, der in einer fünfzigstel Sekunde eines kräftigen Regenschauers fällt. Doch der Betrag ist nur deshalb so gering, weil die Fläche einer im astronomischen Raum ein so winziges Objekt ist. Die gesamte Strahlungsemission der Sonne beträgt ziemlich genau 250 Millionen Tonnen pro Minute, das ist etwa 10.000 Mal so viel wie die durchschnittliche Wassermenge, die unter der London Bridge vorbeifließt. Und übrigens, wenn unser Faktor von 10.000 falsch sein sollte, so liegt das nicht daran, dass wir das genaue Gewicht der Sonnenstrahlung nicht kennen würden, sondern weil wir die durchschnittliche Wassermenge der Themse nicht so genau kennen. Die Astrophysik ist eine weitaus genauere Wissenschaft als die terrestrische Hydraulik.

Eine gewisse Strahlungsmenge fällt auf die Sonne von anderen Sternen, aber das ist im Vergleich zu dem Gewicht der Strahlung, die sie ausströmt, kaum bemerkenswert, sodass die Sonne nur dann ihr Gewicht beibehalten kann, wenn ihr eigentliche Materie mit dem Gewicht von 250 Millionen Tonnen pro Minute zuströmt.

Da die Sonne durch den Weltraum reist, muss sie immer wieder Materie in der Form von einzelnen Atomen und Molekülen, von Staubpartikeln und von streunenden Meteoren aufnehmen. Diese Letzteren sind kleine feste Objekte, die im Sonnensystem in enormer Zahl vorhanden sind und sich in Umlaufbahnen um die Sonne drehen wie Planeten. Gelegentlich stürzen sie in die Erdatmosphäre, und wenn der Luftwiderstand sie zum Glühen bringt, sieht man sie als Sternschnuppen. Im Allgemeinen lösen sich diese vor dem Erreichen der Erdoberfläche in Rauch auf. Nur gelegentlich ist eine Sternschnuppe massiv genug, um die zersetzende Wirkung des Luftwiderstandes zu überleben, und dann schlägt sie auf die Erde in Form eines Steins, der als Meteorit bekannt ist. Diese sind manchmal von enormer Größe. Der Fall eines Meteoriten in Sibirien im Jahre 1908 verursachte einen Sturm, der die Wälder eines riesigen Bereichs verwüstete, während der Aufschlag auf den festen Boden Schockwellen verursachte, die Tausende von Meilen entfernt zu spüren waren. Und eine riesige, kraterförmige Senke in Arizona, die drei Meilen im Umfang misst, wurde vermutlich durch den Fall eines noch größeren Meteoriten in prähistorischen Zeiten verursacht worden. Doch solche Riesen sind selten, und der durchschnittliche Meteorit ist ein bedeutungsloses Objekt, in der Regel nicht größer als eine Kirsche oder eine Erbse.

Shapley hat geschätzt, dass viele Milliarden Sternschnuppen jeden Tag in die Erdatmosphäre eindringen. Jede von ihnen wird in Staub und Rauch verwandelt, und das Gewicht der Erde erhöht sich entsprechend. Eine unvergleichlich größere Zahl muss auf die Sonne fallen, schätzungsweise Billionen pro Sekunde, und diese liefern vermutlich den bei weitem größten Beitrag an aufgefangener Materie zur Sonnenmasse. Dennoch schätzt Shapley, dass das Gesamtgewicht der auf die Sonne fallenden meteorischen Materie, kaum 2000 Tonnen pro Sekunde übersteigen kann, was weniger als der 2000te Teil des Gewichts ist, das diese durch Strahlung verliert. Wenn man die Bilanz zieht, scheint es ziemlich sicher, dass die Sonne nahezu 250 Millionen Tonnen an Gewicht pro Minute verlieren muss. Sie ist ein verschwenderisches Gebilde, das allmählich vor unseren Augen verschwindet. Sie schmilzt wie ein Eisberg im Golfstrom. Und das Gleiche muss für andere Sterne gelten.

Diese Folgerung stimmt mit den allgemeinen Hauptfakten der Astronomie überein. Obwohl es keinen absoluten Beweis gibt, zeigt eine große Anhäufung von Beweismaterial, dass junge Sterne schwerer sind als alte. Sie sind nicht nur um ein paar Millionen Tonnen schwerer, sondern vielfach schwerer, oft sogar 10-, 50- oder 100-mal. Bei weitem die einfachste Erklärung ist, dass die Sterne den größten Teil ihres Gewichts im Laufe ihres Lebens verlieren. Eine einfache Berechnung zeigt, wenn die Sonne, Gewicht mit einer Rate von etwa 250 Millionen Tonnen pro Minute verliert, würden viele Milliarden Jahre vergehen, bis sie den größeren Teil oder auch nur einen beträchtlichen Teil ihres Gewichts verlöre. Und da andere Sterne die gleiche Geschichte erzählen, werden wir dazu geführt, den Sternen im Allgemeinen ein Lebensalter von vielen Milliarden Jahren zuzugestehen.

Wir haben andere Mittel die Länge des Sternenlebens abzuschätzen. Insbesondere die Bewegung der Sterne im Weltraum spricht für ihr hohes Alter und ergibt wieder eine Lebensdauer von Milliarden Jahren. Wir haben gesehen, wie weit die Sterne im Raum voneinander entfernt sind - so weit, dass es sehr selten ist, dass zwei Sterne sich einander nah kommen. Doch wenn die Sterne diese ungeheuer lange Leben von Miliarden Jahren hinter sich haben, sollte jeder Stern mehrmals anderen ziemlich nah gekommen sein. Die Anziehungskräfte, die die Sterne bei diesen Gelegenheiten aufeinander ausüben, wären in der Regel nicht stark genug, um Planeten aus ihren Bahnen zu reißen, würden aber genügen, die Sterne von ihren Kursen abzulenken und die Geschwindigkeit ihrer Bewegung zu ändern. Im Fall von Doppelsternsystemen, die aus zwei getrennten Massen bestehen, die sich durch den Raum wie ein einziger Stern bewegen, würde die Anziehungskraft eines ihnen nah gekommenen weiteren Sterns die Umlaufbahnen beider Sterne des Doppelsterns neu anordnen.

All diese Effekte können im Detail berechnet werden, sodass wir genau wissen, was man erwarten kann, wenn die Sterne wirklich das gewaltig lange Leben von Milliarden Jahren hinter sich haben, die wir ihnen vorläufig zugestehen. Und alles, was wir vermutet haben, finden wir vor. Die Rechnungen führen zu allen erwarteten Wirkungen, und soweit wir sagen können, zeigen ihre Größen, dass die Sterne wirklich viele Milliarden Jahre gelebt haben können.

Gegen dieses Szenario gibt es Beweise, die auf den ersten Blick auf eine ganz andere Schlussfolgerung hindeuten, und so muss man dieses Thema ausführlich erörtern, obwohl es von höchster technischer Natur ist und uns in die schwierigsten Teile bringt, der schwierigen Relativitätstheorie.

Wie wir im nächsten Kapitel sehen werden, sagt uns diese Theorie, dass der Raum selbst gekrümmt ist, etwa in der gleichen Weise, wie die Oberfläche der Erde gekrümmt ist. Die Krümmung des Raumes ist verantwortlich für die Krümmung der Lichtstrahlen, die bei einer Sonnenfinsternis beobachtet wird, und für die Krümmung der Planeten- und Kometenbahnen, die wir früher einer „Kraft", der Gravitation, zugeschrieben haben. Nach dieser Theorie erzeugt die Anwesenheit von Materie nicht „Kraft", die eine Illusion ist, sondern eine Krümmung des Raumes.

Um unsere Schwierigkeiten einzeln zu behandeln, wollen wir für den Augenblick annehmen, dass die Anwesenheit von Materie die einzige Ursache für die Krümmung des Raumes ist. Dann wäre ein leeres Universum, das gänzlich frei von Materie ist, die es krümmen könnte, unendlich groß. Da das Universum nicht leer ist, wird seine Größe durch die Menge der Materie bestimmt, die es enthält. Je mehr Materie im Raum enthalten ist, desto mehr wird er gekrümmt, desto schneller wird es sich auf sich selbst zurückbeugen, und als Folge davon wird das Universum - so wie ein Kreis, der sich schnell krümmt, kleiner sein als der, der sich nur allmählich krümmt.

Das bekannte Experiment zur Elektrisierung einer Seifenblase kann die Vorstellung verdeutlichen. Eine Seifenblase, die auf gewöhnliche Weise aufgeblasen wird, darf auf der Platte einer Elektrisiermaschine ruhen. Sobald die Maschine in Tätigkeit tritt, und die Blase immer mehr mit Elektrizität aufgeladen wird, nimmt ihre Größe stetig zu, bis sie schließlich platzt. Hier ist die Seifenblase, abgesehen von ihrem endgültigen Platzen, dem Universum ähnlich, ihre Größe hängt von der Menge der elektrischen Ladung ab, die sie trägt, so wie die Größe des Universums von der Menge der Materie abhängt, die es enthält. Und doch gibt es zwei wesentliche Unterschiede. Der Erste ist, dass eine Seifenblase eine gewisse Krümmung hat, die ihrer Struktur innewohnt, sodass sie auch im ungeladenen Zustand von definitiver und endlicher Größe ist, das Universum andererseits unendlich groß wird, wenn es keine Materie enthält. Der Zweite ist, dass die Erhöhung der elektrischen Ladung die Größe der Seifenblase erhöht, aber die Erhöhung der Menge an Materie die Größe des Universums verringert - je mehr Materie vorhanden ist, desto weniger Raum gibt es, sie aufzunehmen.

Einstein versuchte, diesem letzten Einwand, wie auch anderen Einwänden, zu begegnen, indem er das Weltall der Seifenblase ähnlicher machte. Er stellte sich vor, es gäbe noch einen Faktor oder Prozess eigener Art, außer dem, der von der Materie hervorgerufen wird, sodass die

Größe des Weltalls zunehmen würde, wenn die Materiemenge zunimmt.

Dennoch gibt es noch einen hervorstechenden Unterschied. Die gravitierenden Massen im Raum ziehen einander alle an, aber die elektrischen Ladungen auf der Seifenblase stoßen einander gegenseitig ab, weil sie alle gleiche Polarität haben, positiv oder negativ. Infolgedessen ist die elektrisierte Seifenblase eine durch und durch stabile Struktur. Fügt man ein wenig mehr Ladung hinzu, passt sie sich allmählich an eine neue Gleichgewichtslage, einem etwas erweiterten Umfang, an. Schüttelt man die Blase, kommt sie nach ein bisschen Zittern wieder zur Ruhe. Aber gerade wegen des Unterschieds zwischen Anziehung und Abstoßung wäre eine Seifenblase, die mit einer Materiezunahme belastet wird, instabil. Ein Mathematiker sieht sogleich, warum das so sein muss. Und obwohl ein großer Unterschied zwischen einer zweidimensionalen Blase aus flüssigem Seifenfilm und einem Universum besteht, hat eine weitere Untersuchung des belgischen Mathematikers Abbé Lemaitre gezeigt, dass die Analogie standhält und dass ein solches Universum, wie wir es gerade diskutiert haben, eine instabile Struktur wäre. Es könnte nicht lange in Ruhe bleiben, sondern würde sofort beginnen, sich entweder auf unendliche Größe auszudehnen oder sich auf einen Punkt zusammenzuziehen. Daher muss sich der reale Raum eines schon lange bestehenden Universums entweder erweitern oder schrumpfen, und die verschiedenen Objekte in ihm müssen sich alle voneinander entfernen oder sich annähern.

Lemaitres Schlussfolgerungen beruhen auf Einsteins Auffassung eines Universums, dessen Größe, wenn es in Ruhe ist, von der Menge der Materie abhängt, die es enthält. Bis dahin war jedoch ein ganz anderes Bild des Universums von Professor de Sitter von Leiden vorgelegt worden. Er war der Meinung, dass schon ein materiefreies Universum eine gewisse Krümmung besitzen würde, die durch die innewohnenden Eigenschaften von Raum und Zeit hervorgerufen wird. Das Vorhandensein von Materie würde eine zusätzliche Krümmung hinzufügen, aber da die Materie so spärlich im realen Universum verteilt ist, wäre dies im Vergleich zu der Krümmung, die aus der Natur von Raum und Zeit resultiert, unbedeutend. Als de Sitter die Eigenschaften seines Universums mathematisch untersuchte, fand er auch, dass sein Raum die Tendenz habe, sich zu erweitern oder zu schrumpfen, und alle Objekte in ihm würden entweder auseinandergetrieben oder sich aufeinander stürzen.

Zuerst schien das Sitter-Konzept des Universums völlig entgegengesetzt zu Einsteins früherer Auffassung zu sein, und Mathematiker begnügten sich, auf etwas zu warten, was zwischen beiden eine Entscheidung herbeiführte. Aber Lemaitres Arbeit zeigt nun, dass die beiden Konzepte nicht widerstreitend sind, sondern sich eher ergänzen. Da Einsteins instabiles Universum sich ausdehnt, wird die Materie darin immer spärlicher, bis es als leeres Universum nach der von de Sitter dargestellten Art endet. Die Universen von Einstein und de Sitter kann man zu Recht als an den beiden Enden einer Kette platziert denken, aber es wäre ein falsches Bild, wenn wir uns eine Art Tauziehen vorstellten. Beide Enden markieren nur die Grenzen möglicher Universen, und ein Universum, das sich am oder in Nähe des Einstein-Endes der Kette befindet, muss allmählich entlang der Kette bis zum de Sitters Ende gleiten. Wenn unser Universum überhaupt nach einem dieser Konzepte aufgebaut ist, ist die Frage, die uns beschäftigt, nicht, an welchem Ende der Kette es sich befindet, sondern wie weit entlang der Kette es bereits gereist ist.

Die beiden idealen Universen an den beiden Enden der Kette sind einander sehr ähnlich. Das gilt nicht nur an den beiden äußersten Enden der Kette, sondern auch entlang der ganzen Kette. Wenn das Universum in Übereinstimmung mit der Relativitätstheorie gebaut ist, wie man fast sicher annehmen kann, dann müssen die Objekte in ihm alle voneinander wegeilen oder alle aufeinander zueilen.

Diese Schlussfolgerungen sind von großem Interesse, weil man festgestellt hat, dass die fernen Spiralnebel allem Anschein nach sich von der Erde und also vermutlich auch voneinander, mit enormen Geschwindigkeiten, von bis zu 12.000 Kilometern in der Sekunde entfernen. Dr. Hubble und Dr. Humason, die diese

Frage auf dem Mount Wilson besonders untersucht haben, finden, dass die Geschwindigkeiten, bei denen die einzelnen Nebel sich von uns entfernen, in etwa grob gesprochen, proportional zu ihren Entfernungen von uns sind, wie es sein müsste, wenn die Kosmologie der Relativitätstheorie richtig ist. Ein Nebel, dessen Licht zehn Millionen Jahre braucht, um uns zu erreichen, hat eine Geschwindigkeit von etwa 1500 Kilometern pro Sekunde, und die Geschwindigkeiten anderer Nebel sind ungefähr proportional zu ihren Entfernungen. Zum Beispiel braucht das Licht von den Nebeln, die auf Tafel I zu sehen sind, fünfzig Millionen Jahre und mehr, um uns zu erreichen, und die Nebel zeigen eine Fluchtgeschwindigkeit von etwa 7500 Kilometern pro Sekunde.

Die tatsächlichen Zahlen sind wichtig, denn wenn wir die angenommenen Nebelbewegungen rückwärts verfolgen, so finden wir, dass alle Nebelflecke vor nur wenigen Milliarden Jahren in der Nachbarschaft der Sonne versammelt gewesen sein müssen. All dies deutet darauf hin, dass wir in einem wachsenden Universum leben, das vor erst wenigen Milliarden Jahren anfing.

Wenn dies die ganze Geschichte wäre, wäre es sehr schwierig, den Sternen ein Alter von Milliarden Jahren zuzuordnen. Es würde bedeuten, dass sie zunächst in einem kleinen Raum oder einem Konvergenzpunkt zusammengefasst worden waren und erst vor Kurzem, während des letzten Teils ihrer Existenz, begonnen hatten, auseinanderzustreben. Wenn sich die angenommenen Fluchtbewegungen letztlich als real erweisen, wird es kaum möglich sein, dem Universum ein Zeitalter von mehr als ein paar Milliarden Jahren zuzuordnen.

Aber es lässt Raum für große Zweifel, ob diese riesigen Geschwindigkeiten real sind oder nicht. Sie wurden nicht durch einen direkten Messprozess erhalten, sondern werden aus einer Anwendung des sogenannten Doppler-Prinzips gefolgert. Jeder kann selbst beobachten, dass Heulen einer Polizeisirene, tiefer in der Tonhöhe klingt, wenn sich das Fahrzeug von uns entfernt, als wenn es auf uns zukommt. Nach dem gleichen Prinzip erscheint das Licht, das von einem sich entfernenden Körper ausgesendet wird, röter, als von einem Körper, der sich uns nähert. Die Farbe im Licht, entspricht der Tonhöhe. Durch die genaue Messung der Farbe der klar definierten Spektrallinien kann der Astronom feststellen, ob der Himmelskörper, der sie aussendet, sich uns annähert oder von entfernt und er kann die Geschwindigkeit der Bewegung abschätzen. Und der einzige Grund, zu denken, dass die entfernten Nebelflecke sich von uns entfernen, ist, dass das Licht, das wir von ihnen erhalten, röter erscheint, als es normalerweise sein sollte.

Doch es gibt noch andere Möglichkeiten als die Fluchtgeschwindigkeit, Licht zu röten. Zum

Beispiel ist das Sonnenlicht durch das bloße Gewicht der Sonne gerötet, es wird zudem durch den Druck der Sonnenatmosphäre gerötet. Ferner wird es gerötet, wenn auch anders, infolge seines Durchgangs durch die Erdatmosphäre, wie wir bei Sonnenaufgang oder Sonnenuntergang sehen. Das Licht bestimmter Sterne anderer Art, ist auf eine mysteriöse Weise gerötet, die wir noch nicht verstehen. Des Weiteren entsteht nach der Sitterschen Theorie des Universums eine Rötung des Lichts allein durch die Distanz, sodass auch wenn die entfernten Nebel unbeweglich im Raum ständen, ihr Licht unangemessen rot erscheinen würde, und wir versucht wären, daraus zu schließen, dass sie sich von uns entfernen. Keiner dieser Ursachen scheint jedoch in der Lage zu sein, die beobachtete Rötung des Lichts der Nebel eindeutig zu erklären, deshalb hat Dr. Zwicky vom kalifornischen Institut darauf aufmerksam gemacht, dass noch es eine weitere Erklärung gibt. Licht kann durch die Gravitationskraft von den Sternen und Nebeln gerötet werden, an denen es vorüberzieht. Der gleiche Effekt wird beobachtet bei der Beugung des Sternenlichts während einer Sonnenfinsternis. Comptons Experimente zeigen, dass Strahlung sowohl abgelenkt als auch gerötet wird, wenn sie im Raum auf Elektronen trifft. Strahlung, die von Sternen oder anderen Materie im Raum angezogen wird, ist bekanntlich abgelenkt, und Zwicky nimmt an, dass sie außerdem gerötet wird.

Um diese Annahme zu überprüfen, hat Bruggencate das Licht einer Anzahl von Kugelsternhaufen untersucht, die alle in etwa den gleichen Abstand von uns haben, aber so ausgewählt wurden, dass die Menge der dazwischen liegenden Anziehung ausübenden Materie stark variierte. Das Licht von diesen zeigte eine Rötung, und wenn die Ausdehnung des Raumes dafür die Ursache war, hätte der Effekt für alle Sternenhaufen der Gleiche sein müssen. Tatsächlich war der Effekt nicht einheitlich für alle der Gleiche. Er war vielmehr proportional zur Menge der dazwischenliegenden Materie, genau wie es Zwickys Theorie forderte, und seine Werte stimmte gut genug mit dem überein, was durch die theoretische Formel vorhergesagt wurde. Da wir uns kaum vorstellen können, dass die kugelförmigen Sternenhaufen, die unserem eigenen Milchstraßensystem angehören, systematisch von uns weglaufen können, wird die Hypothese, dass die Spiralnebel sich von uns entfernen, sehr viel schwächer, da Zwickys Theorie eine mögliche Erklärung für die beobachtete Rötung des Lichts liefert.

Andere beobachtete Fakten legen ebenfalls nahe, dass die vermuteten Fluchtbewegungen der Nebel falsch sein könnten. Zum Beispiel ist das Licht der uns nächsten Nebeln nicht röter, sondern blauer als normal, und da das Licht nur durch eine wirkliche physische Annäherung blauer gemacht werden kann, bedeutet dies, dass die nächsten Nebel tatsächlich auf uns zukommen. Darüber hinaus sind die scheinbaren Geschwindigkeiten der Nebel keineswegs streng proportional zu ihren Abständen. Zum Beispiel: Nebelflecke, die man in der gleichen Entfernung von sieben Millionen Lichtjahren vermutet, zeigen Abweichungen von im Durchschnitt 380 Kilometern pro Sekunde bei Gesamtgeschwindigkeiten von 1000 Kilometern pro Sekunde.

Dennoch, wenn das Universum in der von uns beschriebenen Weise gebaut ist, müssen sich die Nebel als Ganzes zweifellos von uns entfernen. Theoretische Erwägungen, die durch keine andere Erklärung zufriedengestellt werden können, fordern dies, aber sie sagen uns nichts über die Geschwindigkeiten der einzelnen Nebelbewegungen. Die Arbeiten von Zwicky und Bruggencate stellen keineswegs in Zweifel, dass es eine tatsächliche Fluchtbewegung gibt. Der einzig offene Punkt ist, ob diese Bewegung die gleiche ist, welche die Astronomen aus der Rötung der Spektrallinien abgeleitet haben. Möglicherweise ist der größte Teil dieser Rötungen auf den von Zwicky vorgeschlagenen Effekt oder auf eine ähnliche Ursache zurückzuführen, während nur ein kleiner Rest eine wirkliche Fluchtbewegung darstellt. Es ist unmöglich, die Geschwindigkeit dieser Bewegung zu bestimmen, weil die kleinere Wirkung vollständig durch die größere verschleiert wird.

Die Frage ist also offen, aber wenn man einmal annimmt, dass der größere Teil der scheinbaren Fluchtgeschwindigkeiten als Täuschung angesehen werden kann, verschwindet das Argument für eine kurze Lebenszeit der Sterne, und es steht uns frei, ihnen ein langes Leben von vielen Milliarden Jahren zuzugestehen, welche die allgemeinen Ergebnisse der Astronomie zu fordern scheinen.

Wie wir bereits gesehen haben, deutet diese allgemeine Tatsache darauf hin, dass die Sonne Masse in Form von Strahlung mit einer Rate von 250 Millionen Tonnen pro Minute während eines Zeitraums von ein paar Milliarden Jahren verströmt hat. Detaillierte Berechnungen zeigen, dass die neugeborene Sonne viele Male die Masse der heutigen Sonne gehabt haben muss, in Übereinstimmung mit der allgemeinen Beobachtungs-Tatsache, dass junge Sterne sehr viel massiver als alte Sterne sind. In welcher Form könnte es die ganze Masse speichern, die seitdem in Form von Strahlung verschwunden ist?

Die Ruhemasse eines Elektrons oder eines anderen elektrisch geladenen Teilchens ist in der Regel enorm viel größer als seine Energiemasse, wobei Letztere bei hohen Temperaturen an Bedeutung gewinnt. Die Temperatur in der Mitte der Sonne beträgt etwa 50.000.000 Grad, und auch hier ist die Ruhemasse nur der 200.000te Teil der Gesamtmasse. Es ist unwahrscheinlich, dass die neugeborene Sonne viel heißer gewesen sein kann, sodass es wahrscheinlich scheint, dass auch der größere Teil der Masse der ursprünglichen Sonne in ihrer Ruhemasse gesteckt haben musste. Wenn ja, so ist nur eine Schlussfolgerung möglich: Die ursprüngliche Sonne musste noch viel mehr Elektronen und Protonen und damit viel mehr Atome enthalten haben, als jetzt. Diese Atome können nur in einer Weise verschwunden sein: Sie müssen vernichtet (Anm. d. Übers.: fusioniert[4]) worden sein, und die im Ergebnis verlorene Masse muss durch die Masse der Strahlung dargestellt werden, die die Sonne in ihrem langen Leben emittiert hat.

Dieses Argument mag etwas unsicher scheinen, weil es sich um Vorstellungen handelt, die außerhalb des Bereichs der Laborphysik liegen. Glücklicherweise hat die Laborphysik Beweise erhalten, die, obwohl weit davon entfernt, absolut schlüssig zu sein, eine wertvolle Bestätigung dafür liefern, dass die Fusion von Materie tatsächlich im großen Maßstab in den Tiefen des Raumes stattfindet.

Wir könnten kaum erwarten, einen direkten Beweis jener Fusion von Materie zu erhalten, die im Inneren von Sternen vor sich geht, weil die in dem Prozess erzeugte Strahlung nur eine sehr kurze Strecke zurücklegen kann, bevor sie

---

[4] Die „Vernichtung" geschieht durch **Kernfusion**. Das ist eine Reaktion bei der zwei Atomkerne zu einem neuen Kern verschmelzen. Die Kernfusion ist Ursache dafür, dass die Sonne und alle leuchtenden Sterne Energie abstrahlen. Aus zwei Atomen wird durch diese Kernfusion ein neues Atom geschaffen, zahlenmäßig handelt es sich also um das, was der Autor als „Atom vernichtet" bezeichnet. Die weitere Übersetzung des englischen Begriffs „annihilate" (= vernichten) erfolgt deshalb durch den deutschen Begriff „fusionieren".

von der Materie des Sterns absorbiert wird. Die Materie würde sich dadurch erhitzen, und die entsprechende Energie würde letztlich von dem Stern in Form von ganz gewöhnlichem Licht und Wärme ausgesandt werden.

Eine mathematische Analyse der von der Astronomie gelieferten Fakten deutet darauf hin, dass der Prozess der atomaren Fusion wahrscheinlich in der gleichen Weise spontan geschieht, wie der radioaktive Zerfall. Der Prozess wäre damit nicht allein auf das heiße Innere der Sterne beschränkt, sondern sollte sich auch dort abspielen, wo sich astronomische Materie in ausreichender Fülle zusammenballt.

In Übereinstimmung mit dem allgemeinen Grundsatz der Erhaltung der Masse zeigt die Rechnung, dass die Masse des Prozessresultats die gleiche sein wird, wie vor dem Prozess. Nun ist die Masse der beteiligten Atome mit großer Genauigkeit bekannt, denn deren Masse ist genau gleich der Masse des Wasserstoffatoms (Anm. d. Übers.: ... und seiner chemisch fast identischen Arten). Wenn also die Fusion der Materie eintritt, so müssen im Endergebnis z. B. Photonen in großer Zahl den Raum durchqueren. Deren Masse zuzüglich der Masse sonstiger Prozessergebnisse wie Protonen und Elektronen, muss genau dem Massenverlust der an der Fusion beteiligten Atome entsprechen, und einige der Photonen werden sogar auf die Erde fallen. Man wird sie leicht erkennen, denn ihre Energie wäre gewaltig. Wir haben schon gesehen: Je größer die Energie eines Photons ist, desto kürzer ist seine Wellenlänge, sodass die Photonen, die aus dem Fusionsprozess stammen, extrem kurze Wellenlängen haben müssen (Anm. d. Übers.: Es handelt sich um die sogenannte „kosmische Gammastrahlung").

In der Musik sagt man, ein Ton, der die Hälfte der Wellenlänge eines anderen hat, liegt eine Oktave höher, und der gleiche Begriff kann bequem auf Strahlung angewendet werden. So finden wir zum Beispiel Licht am äußersten violetten Ende des sichtbaren Spektrums, das gerade eine Oktave höher liegt, als das Licht am äußersten roten Ende. Die Berechnung zeigt, dass Photonen der gleichen Masse wie die des Wasserstoffatoms um 28 Oktaven höher lägen, als violettes Licht oder um 29 Oktaven höher als rotes Licht.

Nun ist eine so große Tonhöhe bei der Strahlung mit der Kraft verbunden, weit in oder durch feste Materie zu dringen. Es ist, als ob die Wellen sich so schnell bewegten, dass die Atome sie nicht auffangen können. Zum Beispiel wissen wir, dass ultraviolette Strahlung weiter in die menschliche Haut eindringen kann als gewöhnliches Sonnenlicht. Das hängt mit der kürzeren Wellenlänge zusammen oder nach unserem Bild mit der größeren Tonhöhe. Röntgenstrahlen mit einer Tonhöhe von 9 Oktaven über dem des gewöhnlichen Sonnenlichts, haben eine noch größere Durchdringungskraft. Und wir können berechnen, wie groß die Durchdringungskraft jener mächtigen energetischen Strahlung sein würde, deren Photonen die gleiche Masse wie ein Wasserstoffatom hätten und deren Tonhöhe demgemäß $28^1/_2$ Oktaven über dem des durchschnittlichen Sonnenlichtes liegt. Wir denken, dass sie mehrere Meter Blei durchdringen kann, bevor sie auf die Hälfte ihres ursprünglichen Werts reduziert würde.

Wir haben schon von der hochdurchdringenden Strahlung gesprochen, die gemeinhin als „kosmische Strahlung" bezeichnet wird, vom Weltraum auf die Erde fällt und in der Lage ist, dicke Bleischichten zu durchdringen. Wie wir heute wissen, ist die kosmische Strahlung eine hochenergetische Teilchenstrahlung, die von der Sonne, der Milchstraße und von fernen Nebeln (Galaxien) kommt. Sie besteht überwiegend aus Protonen, daneben aus Elektronen und vollständig ionisierten Atomen, d. h. Atomen aus denen ein oder mehrere Elektronen entfernt wurden. Darüber hinaus fallen die extrem energiereichen Photonen auf die Erde. Man bezeichnet diese elektromagnetische Strahlung als „kosmische Gammastrahlung".

Professor Millikan und seine Kollegen haben die durchdringende Kraft der letztgenannten Strahlung sehr genau untersucht. Sie erweist sich als eine Mischung aus mehreren Arten Strahlung von unterschiedlich hoher Durchdringungskraft, die somit verschiedene Tonhöhen haben, wodurch sich die Arten ziemlich klar unterscheiden. Und es ist höchst bedeutsam, dass ein hervorstechender Bestandteil der Mischung eine Tonhöhe von etwa 28½ Oktaven über dem des durchschnittlichen Sonnenlichts hat, was genau dem erwarteten Wert entspricht, der aus der stellaren Kernfusion resultiert. In der Tat stimmen die beiden Tonhöhen bis zum dreißigsten Teil einer Oktave überein. Die Übereinstimmung ist so groß, dass es sich nicht nur um bloßen Zufall handeln kann. Vielmehr ist es eine Bestätigung der theoretischen Erwägungen.

Die Menge dieser Strahlung, die auf die Erde fällt, ist gewaltig. Millikan und Cameron haben sie auf etwa einem Zehntel der Gesamtstrahlung von allen Sternen am Himmel geschätzt, die Sonne natürlich ausgenommen. In der Tiefe des Raumes, jenseits der Milchstraße, muss die hochdurchdringende Strahlung genauso reichlich sein wie auf der Erdoberfläche. Wenn man den Anteil, der von unserer Sonne kommt, herausrechnet und den Raum als Ganzes nimmt, so wird diese hoch durchdringende Strahlung wahrscheinlich die häufigste Art Strahlung im Universum sein. Wenn unsere Annahmen über ihren Ursprung und ihre Natur richtig sind, so zwingt uns ihre Gesamtmenge davon auszugehen, dass die Umwandlung von Materie in Strahlung im ganzen Universum heftig vor sich geht. Und nicht nur das, sondern es ist äußerst schwierig, sich irgendeine anderen Erklärung für den Ursprung der Strahlung vorzustellen, der mit den Tatsachen verträglich wäre, dass diese Strahlung die Erde in einer solchen Fülle erreicht.

Wenn wir den astronomischen Beleg für das Alter der Sterne und den physikalischen Nachweis für die hoch durchdringende Strahlung akzeptieren, die durch die Umwandlung von Materie bei einem Fusionsprozess entsteht, dann wird diese Umwandlung zu einem der grundlegenden Prozesse des Universums. Die Erhaltung von Materie verschwindet ganz aus der Wissenschaft, während die Erhaltung der Masse und der Energie identisch wird. So reduzieren sich die drei großen Erhaltungsgesetze, die Erhaltung der Materie, der Masse und der Energie, auf ein einziges Gesetz. Eine einfache Grundentität, die viele Formen annehmen kann, vor allem Materie oder Strahlung, wird durch alle Veränderungen bewahrt. Die Gesamtsumme dieser Grundentität stellt die ganze Aktivität des Universums dar, indem sich ihre Gesamtmenge nicht ändert. Aber sie verändert ständig ihre Qualität, und dieser Qualitätswechsel scheint der Hauptvorgang zu sein, der im Universum stattfindet, das unser materielles Zuhause bildet. Die ganze Beweislage scheint mir zu zeigen, dass die Veränderung, mit möglichen unbedeutenden Ausnahmen, dauernd in die gleiche Richtung geht – andauernd fusioniert feste Materie und wandelt dabei immer einen Teil in unstoffliche Strahlung um:

Für immer gehen so die greifbaren Veränderungen in die immateriellen über.

Einige Wissenschaftler, wenn auch, wie ich glaube, nicht sehr viele, werden wohl von dieser letzten Auffassung abweichen. Sie bestreiten nicht, dass die Sterne sich nach und nach in Strahlung auflösen, noch dass dies der Ursprung von Licht und Wärme ist, die in so verschwenderischer Fülle ausströmen, aber sie behaupten, dass sich irgendwo in den fernen Tiefen des Raumes die durch diesen Prozess freigesetzte Strahlung wieder zu Materie verfestigt. Ein neuer Himmel und eine neue Erde können, wie sie vorschlagen, nicht aus der Asche der alten Welt, sondern aus der Strahlung aufgebaut werden, die durch die Verbrennung der alten Welt freigesetzt wurde. Auf diese Weise machen sie sich zu den Verfechtern von etwas, was man als ein zyklisches Universum bezeichnen kann. Während das Universum an einer Stelle stirbt, sind die aus seinem Todeskampf hervorgehenden Produkte damit beschäftigt, an anderer Stelle neues Leben aufzubauen.

Wir werden diese Frage weiter unten ausführlicher erörtern. Für den Augenblick genügt es, zu bemerken, dass der Begriff eines zyklischen Universums ganz im Widerspruch zu dem wohlbekannten Prinzip des zweiten Gesetzes der Thermodynamik steht, das lehrt, dass zyklische Universen aus dem gleichen Grund unmöglich sind, wie ein Perpetuum mobile unmöglich ist. Dass dieses Gesetz unter astronomischen Bedingungen von denen wir keine Kenntnis haben, ungültig wäre, ist sicherlich denkbar, obwohl ich mir vorstelle, dass die Mehrheit der ernsthaften Wissenschaftler das für sehr unwahrscheinlich hält. Es ist natürlich nicht zu leugnen, dass der Begriff eines zyklischen Universums weit populärer ist, als der eines sterbenden. Die meisten Menschen finden die endgültige Auflösung des Universums als einen unangenehmen Gedanken genauso wie die Auflösung ihrer eigenen Persönlichkeit, und die Bemühungen des Menschen nach der persönlichen Unsterblichkeit haben ihr makroskopisches Gegenstück in diesem irreführenden Streben nach einem unvergänglichen Universum.

Diese Dinge wurden so ausführlich diskutiert, weil sie offensichtlich eine ganz besondere Bedeutung für die Grundstruktur des Universums haben. Im letzten Kapitel haben wir gesehen, wie die Wellenmechanik das ganze Universum zu Wellensystemen reduziert hat. Elektronen und Protonen bestehen aus Wellen der einen Art; Strahlung aus Wellen der anderen Art. Die Diskussion in diesem vorliegenden Kapitel hat zu der Annahme geführt, dass Materie und Strahlung keineswegs zwei grundsätzlich verschiedene und nicht austauschbare Formen von Wellen darstellen. Die beiden können austauschbar sein, so wie die Puppe in den Schmetterling übergeht - einige Wissenschaftler würden es für nötig halten, zu ergänzen: „...

und wir können uns vorstellen, dass der Schmetterling wieder zur Puppe wird".

Das bedeutet natürlich nicht, dass Materie und Strahlung dasselbe sind. Die Umwandlung von Materie in Strahlung ist immer noch eine bedeutende Sache, obwohl diese Auffassung heute einen unvergleichlich weniger revolutionären Eindruck macht, als zu Beginn des 20. Jahrhunderts. Selbst wenn wir alle Tatsachen mit Sicherheit kennen würden, was wir nicht tun, wäre es schwierig, die Situation in nichttechnischer Sprache exakt zu formulieren, aber vielleicht können wir der Wahrheit ziemlich nahe kommen, wenn wir an Materie und Strahlung als zwei Wellenarten denken, eine Art, die ständig kreist, und eine andere Art, die längs einer geraden Linie verläuft. Die letzteren Wellen reisen natürlich mit Lichtgeschwindigkeit, nur diejenigen, die Materie darstellen, bewegen sich langsamer. Es ist sogar von Mosharrafa und anderen vorgeschlagen worden, dass dies den ganzen Unterschied zwischen Materie und Strahlung ausdrücken kann. Materie ist nichts anderes als eine Art kondensierter Strahlung, die sich mit geringerer als ihrer Maximalgeschwindigkeit bewegt. Wir haben schon gesehen, wie die Wellenlänge eines sich bewegenden Teilchens von seiner Geschwindigkeit abhängt. Die Abhängigkeit ist so, dass ein mit Lichtgeschwindigkeit reisendes Teilchen, genau die gleiche Wellenlänge wie ein Photon gleicher Masse haben würde. Diese und auch andere bemerkenswerte Tatsachen legen nahe, dass elektromagnetische Strahlung, also Photonen, sich letztlich als reine Materie erweist, die sich mit Lichtgeschwindigkeit fortbewegt, und Materie Strahlung ist, die sich mit geringerer Geschwindigkeit als das Licht fortpflanzt. Aber die Wissenschaft ist noch weit davon entfernt, sich zu dieser Auffassung durchzuringen.

Um die Hauptergebnisse dieses und des vorigen Kapitels zusammenzufassen: In der modernen Physik besteht die Tendenz, das ganze materielle Universum in Wellen aufzulösen und in nichts anderes als Wellen. Diese Wellen sind zweierlei Art: Eingefangene, kondensierte Wellen, die wir Materie nennen, und nackte, ungehemmte Wellen, die wir Strahlung oder Licht nennen. Bei der Fusion von Materie handelt es sich um einen Prozess, der kondensierte Wellenenergie freisetzt, um durch den Raum zu reisen. Diese Auffassungen reduzieren das ganze Universum auf eine Welt des potenziellen und existierenden Lichts, sodass die ganze Geschichte seiner Entstehung mit vollkommener Genauigkeit und Vollständigkeit in drei Worten erzählt werden kann: „Es wurde Licht".

4. Die Relativität und das Kontinuum des Universums

Wir haben gesehen, wie die moderne Physik das Universum auf Wellensysteme reduziert. Wenn wir es schwer finden, uns Wellen vorzustellen, die sich nicht durch ein konkretes Medium fortbewegen, sagen wir Wellen im kosmologischen Hintergrundfeld. Ich glaube, es war der verstorbene Lord Salisbury, der einem Hintergrundfeld die Bezeichnung Äther gab und diesen als Nominativ des Verbes „wogen" definiert hat. Wenn uns diese Definition für den Augenblick ausreicht, können wir unser Hintergrundfeld haben, ohne uns über seine Natur zu sehr festzulegen. Und das macht es möglich, die Tendenz der modernen Physik sehr prägnant zusammenzufassen: Die moderne Physik drängt das ganze Universum in einen oder mehrere Hintergrundfelder. Es wird also gut sein, die physikalischen Eigenschaften dieses Hintergrundfelds mit einiger Sorgfalt zu untersuchen, da in ihnen die wahre Natur des Universums verborgen sein muss.

Es wird vielleicht gut sein, unsere Schlussfolgerung gleich im Voraus zu verraten. Es ist kurz gesagt so, dass so ein Hintergrundfeld, wie der Äther mit seinen Wellenbewegungen, und die Wellen, die das Universum bilden, aller Wahrscheinlichkeit nach Fiktion, d. h. Ausgedachtes bzw. Annahme ist. Das bedeutet nicht, dass die Dinge überhaupt nicht existieren würden: Sie existieren als Theorien in unseren Köpfen, sonst würden wir nicht von ihnen reden. Und darüber hinaus muss auch ein Etwas außerhalb unseres Geistes existieren, das diese oder eine andere Auffassung unserem Geist eingepflanzt hat. Diesem Etwas können wir vorübergehend den Namen „Realität" zuordnen, und es ist die Aufgabe der Wissenschaft mehr über diese Realität herauszufinden. Aber wir werden feststellen, dass diese Realität etwas ganz anderes ist als das, was der Wissenschaftler im 19. Jahrhundert unter Äther, Wellenbewegungen und Wellen gemeint hat, so sehr anders, dass, nach seinen Maßstäben beurteilt und für einen Augenblick in seiner Sprache ausgedrückt, der Äther und seine Wellen überhaupt keine Realitäten sind. Und doch gehören sie zu den realsten Dingen, von denen wir überhaupt Kenntnisse oder Erfahrungen besitzen, und sie sind so real wie alles, was irgendwie für uns real sein kann.

Der Vorstellung eines Äthers drang vor drei Jahrhunderten oder mehr in die Wissenschaft ein. Als die bekannten Eigenschaften der groben Materie ein Phänomen nicht erklären konnten, begegneten die Wissenschaftler der Schwierigkeit, indem sie einen hypothetischen, alldurchdringenden Äther schufen, dem sie genau die notwendigen Eigenschaften zuschrieben, um dadurch eine Erklärung zu haben. Es gab natürlich eine besondere Versuchung, auf diese Prozedur bei Problemen zurückzugreifen, die eine „Fernwirkung" zu sein schienen. Es scheint auf den ersten Blick so sinnvoll, davon auszugehen, dass Materie nur dort wirken kann, wo sie vorkommt und nicht, wo es keine gibt, dass derjenige, der das Gegenteil behauptet, kaum hoffen kann, die Mehrheit seiner Mitmenschen zu überzeugen. Descartes war so weit gegangen, zu behaupten, dass die bloße Existenz von Körpern, die aufgeteilt und dann getrennt wurden, ein hinreichender Beweis für die Existenz eines Mediums zwischen ihnen sei.

Wenn also kein massives Material als Ursache für die Übertragung einer mechanischen Wirkung vorhanden war, wie sie von einem Magneten auf einem Stahlstab oder von der Erde auf einen fallenden Apfel ausgeübt wurde, so war die Versuchung, einen alldurchdringenden Äther zu Hilfe zu rufen, nahezu unwiderstehlich, und das, was man die Äther-Mode nennen kann, zog in die Wissenschaft ein. Maxwell drückte es so aus: *„Äther wurde erfunden, damit die Planeten darin schwimmen konnten, um elektrische Atmosphären und magnetische Ausdünstungen zu bilden, um Empfindungen von einem Teil unseres Körpers zu einem anderen zu vermitteln, solange bis alle Räume mehrmals mit Äthern gefüllt waren."* Am Ende gab es fast so viele Äther wie ungelöste Probleme in der Physik.

Gegen Ende des 19. Jahrhunderts überlebte nur einer dieser Äther im ernsten wissenschaftlichen Diskurs - der lichttragende Äther, der Strahlung übertragen sollte. Die Eigenschaften, die nötig waren, um diese Funktion zu erfüllen, wurden mit immer größerer Präzision von Huyghens, Thomas Young, Faraday und Maxwell definiert. Man stellte sich ihn als ein geleeartiges Meer vor, in dem sich Wellen fortpflanzen konnten, genauso wie Vibrationen oder Wellenbewegungen sich in einem Gelee fortpflanzen. Diese Wellen waren Strahlung, die, wie wir jetzt wissen, irgendeine von den vielen Formen annehmen kann: Licht, Wärme, Infrarot oder Ultraviolettstrahlung, elektromagnetische Wellen, Röntgenstrahlen, Gamma-Strahlen und kosmische Strahlung.

Das astronomische Phänomen der „Ablenkung (Aberration) des Lichts", ebenso wie eine Anzahl anderer Phänomene, zeigt, dass, wenn ein solcher Äther existiert, die Erde und alle anderen bewegten Körper durch ihn hindurchgehen müssen, ohne ihn zu stören. Oder wenn wir unsere Position auf der Erde nehmen und die Phänomene von diesem Standpunkt aus studieren, so muss der Äther durch die Zwischenräume der Erde und anderer fester Körper ohne Behinderung hindurchgehen – *„wie der Wind durch einen Hain von Bäumen"*, um das berühmte aber unzureichende Gleichnis von Thomas Young zu gebrauchen. Es ist unzulänglich, weil der Wind tatsächlich die Bäume beeinflusst; aber man kann zeigen, dass eine Bewegung durch den Äther nicht im geringsten feste Körper beeinträchtigt, wenn sie auf der Erde ruhen oder ihre Bewegung beeinflusst, wenn sie sich fortbewegen. Wir brauchen keinen Ätherwiderstand zuzüglich zum Luftwiderstand zu berücksichtigen, wenn wir darüber diskutieren, wie wir den Verbrauch eines Autos senken können.

Wenn also ein Äther existiert, so ist es egal, ob der Ätherwind mit einem Kilometer oder mit tausend Kilometern pro Stunde vorbeibraust. Dies steht im Einklang mit einem dynamischen Prinzip, das Newton in seiner *Principia* ausgesprochen hatte:

FOLGESATZ V:

Die Bewegungen von Körpern, die in einem gegebenen Raum eingeschlossen sind, sind die gleichen, ob dieser Raum sich in Ruhe befindet oder sich in gerader Linie ohne kreisförmige Bewegung gleichförmig vorwärts bewegt.

Newton fährt fort:

Einen klaren Beweis dafür bietet das Experiment mit einem Schiff, auf dem alle Bewegungen in gleicher Weise geschehen, ob sich das Schiff in Ruhe befindet oder gleichmäßig in gerader Linie vorwärtsbewegt.

Dieses allgemeine Prinzip zeigt, dass kein Experiment, das an Bord des Schiffes durchgeführt wird und sich auf das Schiff allein beschränkt, jemals die Schiffsgeschwindigkeit durch ein ruhiges Meer offenbaren kann. Jeder kann beobachten, dass man bei ruhigem Wetter nicht einmal sagen kann, in welche Richtung sich das Schiff bewegt, ohne dass man auf das Meer blickt.

Hätte der Ätherwind die irdischen Körper beeinträchtigt, so hätte die von ihm geschaffene Störung einen Hinweis auf die Geschwindigkeit gegeben, mit der er weht, so wie die Bewegungen der Zweige von Bäumen einen Hinweis auf die gewöhnliche Windgeschwindigkeit geben. Wie die Dinge liegen, ist es notwendig, auf andere Methoden zurückzugreifen.

Obwohl ein Ozeanfahrer die Geschwindigkeit seines Schiffes nicht durch irgendeine auf das Schiff beschränkte Beobachtung bestimmen kann, kann er es leicht tun, wenn es ihm möglich ist das Meer zu beobachten. Wenn er eine Leine mit einem Senkblei ins Meer wirft, wird sich eine kreisförmige Kräuselung ausbreiten. Aber jeder Seemann weiß, dass der Punkt, an dem die Leine ins Wasser eintritt, nicht in der Mitte dieses Kreises bleiben wird. Die Mitte des Kreises bleibt im Wasser unverändert, aber der Eintrittspunkt der Leine wird durch die Bewegung des Schiffes vorwärts geschleppt, sodass die Geschwindigkeit, mit der sich der Eintrittspunkt von der Mitte des Kreises entfernt, die Geschwindigkeit des Schiffes durch das Meer offenbart.

Wenn die Erde sich ihren Weg durch einen Äther bahnt, sollte ein auf ähnliche Linien konzipiertes Experiment die Geschwindigkeit ihres Fortschritts offenbaren. Das berühmte Michelson-Morley-Experiment wurde eigens zu diesem Zweck entworfen. Unsere Erde war das Schiff, und das physikalische Labor der Universität von Chicago war der Eintrittspunkt des Bleilots ins Meer. Das Fallenlassen des Bleilots wurde durch die Emission eines Lichtsignals dargestellt, und es wurde angenommen, dass die Lichtwellen, aus denen dieses Signal bestand, ein Kräuseln auf dem Äthermeer verursachen würden.

Den Fortschritt der Wellen konnte man nicht direkt verfolgen, aber durch die spezifische Anordnung von Spiegeln konnte man genügend Informationen erhalten, indem man das Signal zurück zum Ausgangspunkt reflektierte. Dies ermöglichte es in der Tat, die Zeit zu bestimmen, die das Licht zur Durchführung der doppelten Reise hin und her brauchte. Wenn die Erde still im Äther stand, wäre die Zeit einer Hin- und Herreise von gegebener Länge natürlich immer gleich, unabhängig von ihrer Richtung im Raum.

Aber wenn die Erde sich in östlicher Richtung durch ein Äthermeer bewegt, so ist leicht einzusehen, dass eine doppelte Reise, zuerst von Osten nach Westen und dann von Westen nach Osten, etwas mehr Zeit brauchen sollte als eine gleich lange in Nord-Süd- und Süd-Nord-Richtung. Es ist kein geheimnisvolleres Prinzip beteiligt, als in der allgemeinen Erfah-

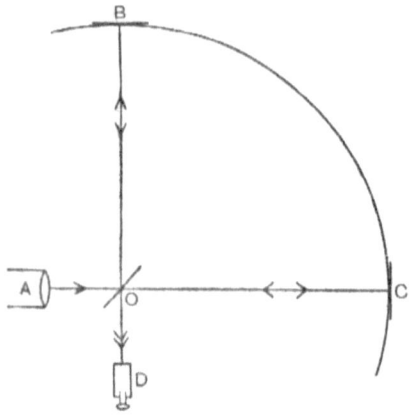

Fig. 1: Diagramm, um das Michelson-Morley-Experiment zu illustrieren. Licht von einer Quelle A wird auf einen halbdurchlässigen Spiegel O projiziert, sodass die Hälfte auf OB reflektiert wird und der Rest weiter entlang OC, der Länge gleich OB, tatsächlich etwa 12 Yards. Die Spiegel bei B und 0 reflektieren das Licht wieder auf 0, und die Hälfte jedes Strahls geht dann in ein kleines Teleskop D. Der Betrag, um den man hinter dem anderen zurückbleibt, wird mit der Verzögerung verglichen, wenn das ganze Gerät um 90° gedreht wurde. Diese Prozedur beseitigt jeden Fehler, der durch einen etwaigen Längenunterschied zwischen OB und OC verursacht wird.

rung steckt, dass es länger dauert, wenn ein Ruderboot 100 Meter stromaufwärts rudert und dann 100 Meter stromabwärts als 200 Meter quer über den Strom. Im ersteren Fall kommen wir langsam aufwärts und schnell zurück, aber der Zeitgewinn beim Rudern mit der Strömung reicht nicht aus, um die Zeit aufzuwiegen, die zuvor beim Rudern gegen den Strom verloren gegangen ist. Wenn zwei Ruderer mit gleicher Geschwindigkeit und gleichzeitig die beiden Wege rudern, wird der Quer-zum-Strom-Ruderer zuerst ankommen, und der Unterschied zwischen ihren Ankunftszeiten wird die Fließgeschwindigkeit des Stromes offenlegen. Man hat erwartet, dass in genau gleicher Weise der Zeitunterschied, der beiden Lichtstrahlen im Michelson-Morley-Experiment, die Geschwindigkeit der

Erdbewegung durch den Äther offenbaren würde.

Das Experiment wurde viele Male durchgeführt, aber man konnte nicht der geringste Zeitunterschied feststellen. Unter der Hypothese, dass unsere Erde von einem Äthermeer umgeben sei, schienen die Experimente zu zeigen, dass ihre Bewegungsgeschwindigkeit durch dieses Äthermeer gleich null war. Allem Anschein nach stand die Erde im Äther still, während die Sonne und der ganze Sternenhimmel sie umkreisten. Die Experimente schienen das geozentrische Weltbild der vor-kopernikanischen Zeit zurückzubringen. Dennoch war es unmöglich, dass dies ihre richtige Interpretation sein sollte, denn von der Erde war bekannt, dass sie sich mit einer Geschwindigkeit von fast 32 Kilometern pro Sekunde um die Sonne bewegte, und die Experimente waren genau genug, um eine Geschwindigkeit von einem Hundertstel davon zu erkennen.

Im Jahre 1893 schlugen Fitzgerald und 1895 Lorentz unabhängig voneinander eine alternative Interpretation vor. Die Experimentatoren hatten in Wirklichkeit versucht, zwei Lichtstrahlen gleichzeitig über zwei gleich lange Wege hin- und hergehen zu lassen. Ohne etwas von dem Wesen des Experiments zu verlieren, kann man sich vorstellen, dass die Längen der beiden Wege mit gewöhnlichen Messstäben gemessen oder verglichen wurden. Woher weiß man jedoch, fragten Fitzgerald und Lorentz, dass diese Stäbe oder der von ihnen ausgemessene Weg ihre genaue Länge behalten hätten, während sie sich durch ein Äthermeer bewegten? Wenn ein Schiff durch den Ozean fährt, bewirkt der Druck des Meeres auf seinen Bug, dass seine Länge schrumpft. Es wird einen winzigen Bruchteil seiner Länge zusammengedrückt zwischen dem Meer, das versucht, seinen Bug zurückzuhalten und der Schiffsschraube, die versucht, sein Heck nach vorne zu drücken. In gleicher Weise zieht sich ein gegen die Luft bewegtes Kraftfahrzeug zusammen, während es zwischen dem rückwärts gerichteten Druck des Windes an seiner Windschutzscheibe und dem Vorwärtstrieb seiner Antriebsräder zusammengedrückt wird. Wenn das von Michelson und Morley verwendete Gerät in gleicher Weise zusammengedrückt wurde, wäre der Weg stromauf- und stromabwärts immer kürzer als der Weg quer zum Strom. Diese Verringerung der Länge würde dazu beitragen, die anderen Nachteile des Auf- und Abwärtsströmungsverlaufs zu kompensieren. Eine Kontraktion mit genau dem richtigen Betrag würde sie vollständig kompensieren, damit diese und der Quer-zum-Strom-Weg genau die gleiche Zeit erfordern würden. Auf diese Weise vermuteten Fitzgerald und Lorentz, sei es möglich, das Ergebnis des Experiments zu erklären.

Die Idee war nicht ganz fantastisch oder rein hypothetisch, denn Lorentz zeigte kurz darauf, dass die damalige elektrodynamische Theorie zu der Folgerung führte, dass genau eine solche Kontraktion tatsächlich auftreten musste. Obwohl diese Kontraktion nicht ganz mit derjenigen von Schiffen oder Kraftfahrzeugen zu vergleichen war, geben sie eine gute Vorstellung von dem Mechanismus. Lorentz zeigte, dass, wenn es sich bei Materie tatsächlich um eine rein elektrische Struktur handelt, die ausschließlich aus elektrisch geladenen Teilchen besteht, die Bewegung durch den Äther dazu führen würde, dass die Teilchen sich so anordnen würden, und vorher nicht wieder zur Ruhe kämen, bis der Körper sich um einen bestimmten kalkulierbaren Betrag zusammengezogen hätte. Und dieser Betrag erwies sich als genau das, was notwendig war, um das Ergebnis des Michelson-Morley-Experiments zu erklären.

Das erklärte nicht nur vollständig, weshalb das Michelson-Morley-Experiment versagt hatte, sondern es zeigte sich ferner, dass sich jeder materielle Maßstab notwendigerweise gerade genug zusammenziehen würde, um die Bewegung der Erde durch den Äther zu verbergen, sodass alle ähnlichen Experimente im Voraus zum Scheitern verurteilt waren. Aber der Wissenschaft waren auch andere Arten von Maßstäben bekannt. Lichtstrahlen, elektrische Kräfte und so weiter, können dazu verwendet werden, um die Abstände zwischen zwei Punkten zu ermitteln und so die Möglichkeit zur Messung von Entfernungen liefern. Man ging davon aus, dass dort, wo materielle Maßstäbe versagt hatten, optische und elektrische Maßstäbe erfolgreich angewandt werden könnten. Der Versuch wurde wiederholt und in vielerlei Variationen durchgeführt - die Namen des verstorbenen Lord Rayleigh, von Brace und Trouton stechen in diesem Zusammenhang hervor - und jedes Mal, misslang er. Wenn die Erde eine Geschwindigkeit x durch den Äther hatte, brachte jeder Apparat, den der Geist des Menschen sich ausdenken konnte, die Messung von x durcheinander, indem er eine falsche Geschwindigkeit der Größe nach genau gleich Minus x hinzufügte und so das Nullresultat des ursprünglichen Michelson-Morley-Experiments wiederholte.

Das Ergebnis vieler Jahre mühevoller Experimente war, dass die Kräfte der Natur ausnahmslos Mitglieder einer gut organisierten Verschwörung zu sein schienen, um die Bewegung der Erde durch den Äther zu verbergen. Das ist natürlich die Sprache des Laien, nicht des Wissenschaftlers. Letzterer sagt lieber, dass die Gesetze der Natur es unmöglich machen, die Bewegung der Erde durch den Äther zu erkennen. Der philosophische Inhalt der beiden Aussagen ist genau identisch. In gleicher Weise kann der unwissenschaftliche Erfinder in Verzweiflung rufen, dass die Kräfte der Natur sich gegen ihn verschworen haben, um zu verhindern, dass sein Perpetuum mobile arbeitet, während der Wissenschaftler weiß, dass das Hindernis eine weitaus ernstere Barriere ist als eine Verschwörung: Es ist ein Naturgesetz! Und so sind auch der ideologische und wenig erleuchtete Sozialreformer oder der unfähige Politiker gleichermaßen geneigt, Verschwörungen der finstersten Art hinter dem Wirken jener Wirtschaftsgesetze zu sehen, die es unmöglich machen, einen viertel Liter Wein aus einem achtel Liter Gefäß auszuschenken.

Im Jahre 1905 stellte Einstein das vermeintlich neue Naturgesetz in der Form vor - „die Natur ist so, dass es unmöglich ist, die absolute Bewegung durch irgend ein Experiment zu bestimmen." Es war die erste Formulierung des Relativitätsprinzips.

Seltsamerweise war es eine Rückkehr zum Gedanken und zur Lehre von Newton. In seiner *Principia* hatte Newton geschrieben:

Möglicherweise gibt es in den fernen Regionen der Fixsterne oder vielleicht jenseits davon einen Körper der sich in absoluter Ruhe befindet, aber man kann unmöglich aus den Stellungen der Körper zueinander in unseren Regionen schlussfolgern, ob irgendwelche von ihnen ihre Stellungen zum entfernten Körper beibehalten. Daraus folgt, dass der Zustand der absoluten Ruhe nicht aus der Lage der Körper in unseren Regionen bestimmt werden kann.

Er hatte die Aussage durch einen Zusatz eingeschränkt:

Ich nehme an dieser Stelle keine

Rücksicht auf ein Medium, wenn es ein solches geben sollte, das die Zwischenräume zwischen den Körperteilen frei durchdringt.

Mit anderen Worten, Newton hatte erkannt, dass es ohne einen alldurchdringenden Äther unmöglich sein würde, die absolute Bewegungsgeschwindigkeit im Raum zu bestimmen, und hatte auch gesehen, dass ein solches Medium einen festen Maßstab liefern würde, auf den sich alle Bewegungen von Körpern beziehen könnten.

Die beiden dazwischen liegenden Jahrhunderte war die Wissenschaft damit beschäftigt die Eigenschaften dieses vermeintlichen Mediums zu erörtern, und auf einen Schlag beraubte es Einstein von seiner bedeutendsten Eigenschaft, der Bereitstellung eines in Ruhe befindlichen Bezugssystems, durch welches die wahre Geschwindigkeit von jeder Bewegung hätte gemessen werden können.

Einsteins Prinzip kann auch anders formuliert werden, was seine Bedeutung wesentlich deutlicher macht. Die Astronomie hat es nicht geschafft, Newtons *„in den fernen Regionen der Fixsterne oder vielleicht jenseits davon"*, in absoluter Ruhe befindliche Körper zu entdecken, sodass Ruhe und Bewegung noch immer nur relative Begriffe sind. Ein Schiff, das ankert, ruht nur in einem relativen Sinn - relativ zur Erde. Aber die Erde ist in Bewegung in Bezug auf die Sonne, und das Schiff mit ihm.

Die Relativität und das Kontinuum des Universums

Wenn die Erde in ihrem Lauf um die Sonne stehen geblieben wäre, würde das Schiff in Relation zur Sonne ruhen, aber beide würden sich noch durch die umliegenden Sterne bewegen. Hält man diese Bewegung der Sonne durch die Sterne auf, so bleibt immer noch die Bewegung des ganzen galaktischen Systems der Sterne gegenüber den entfernten Nebeln. Und diese entfernten Nebel bewegen sich mit einer Geschwindigkeit von Hunderten von Meilen pro Sekunde oder mehr aufeinander zu oder voneinander weg. Wenn wir weiter hinaus in den Weltraum gehen, finden wir nicht nur keine absolute Ruhe, sondern begegnen immer größeren Bewegungsgeschwindigkeiten. Wenn wir keinen alldurchdringenden Äther haben, der uns als Bezugssystem dient, können wir nicht einmal sagen, was wir unter absoluter Ruhe verstehen, noch weniger können wir so etwas finden. Einsteins Prinzip sagt uns nun, dass wir, soweit es alle beobachtbaren Naturphänomene betrifft, den Begriff „absolute Ruhe" in irgendeiner beliebigen Weise frei definieren können.

Das ist eine sensationelle Botschaft. Wenn wir wollen, können wir mit vollem Recht sagen, dass dieses Zimmer sich absolut in Ruhe befindet und die Natur wird uns nicht widersprechen. Wenn die Erde mit einer Geschwindigkeit von 1000 Meilen pro Sekunde durch den Äther eilt, dann müssen wir annehmen, dass der Äther durch dieses Zimmer „wie der Wind durch einen Hain von Bäumen", mit 1000 Meilen pro Sekunde weht. Und das Relativitätsprinzip versichert uns, dass alle Phänomene der Natur in diesem Zimmer von diesem 1000 Meilen-je-Sekunde-Wind absolut unberührt bleiben und in der Tat genau dieselben sein würden, wenn der Wind mit 100.000 Meilen pro Sekunde bliese - oder wenn auch überhaupt kein Wind da wäre.

Es ist nicht überraschend oder gar neuartig, dass alle mechanischen Phänomene, die nichts mit dem vermeintlichen Äther zu tun haben, unbeeinflusst bleiben sollen. Wir haben gesehen, dass dies bereits Newton bekannt war. Aber wenn ein Äther wirklich existierte, scheint es erstaunlich, dass die Phänomene der Optik und der Elektrizität die gleichen sein sollen, wenn der Äther, der sie propagiert, still steht oder mit Tausenden von Meilen pro Sekunde an uns vorbei und durch uns hindurchweht. Es stellt sich unweigerlich die Frage, ob der Äther, dessen Wehen die Wirbel verursachen soll, irgendeine Existenz hat oder eine bloße Fiktion unserer Fantasie ist. Denn wir müssen uns immer daran erinnern, dass die Existenz des Äthers nur eine Hypothese ist, die von Physikern in die Wissenschaft eingefügt wurde, weil sie es für selbstverständlich hielten, dass alles eine mechanische Erklärung zulassen müsste, und dass es ein mechanisches Medium geben müsse, um Lichtwellen und alle anderen elektrischen und magnetischen Phänomene zu übertragen.

Um ihren Glauben zu rechtfertigen, mussten sie zeigen, dass es ein System von Stößen, Zugkräften und Wirbeln im Äther gibt, um alle Phänomene der Natur durch den Raum zu übertragen und sie in der Ferne genauso wirken lassen, wie sie beobachtet werden. Das System der Seilzugbremse am Fahrrad überträgt mechanische Kraft von einem Seilzug auf die Bremse. Das erforderliche System von Stößen, Zugkräften und Wirbeln wurde im Laufe der Zeit gefunden, erwies sich aber als äußerst kompliziert. Vielleicht war das nicht überraschend. Der Äther musste nicht nur die beobachteten Effekte übertragen, sondern auch seine eigene Existenz verbergen. Es konnte kaum eine einfache Angelegenheit sein, einen einzigen Mechanismus zu postulieren, der genau die gleichen Phänomene übertragen sollte, unabhängig davon ob der Experimentator ruhig dasaß oder bei der Durchführung seiner Experimente mit 1000 Meilen pro Sekunde durch den Äther raste. Und in der Tat erwies sich der so erarbeitete Mechanismus als ungeschützt gegen den tödlichen Einwand, dass er nur die beiden Arten von Phänomenen erklären könne, indem er in diesen beiden Fällen zwei verschiedene Mechanismen postulierte.

Wir können den Einwand veranschaulichen, indem wir ein einfaches Phänomen im Detail diskutieren. Nach diesem Schema der ätherischen Übertragung erzeugt die Auflagung eines Körpers mit Elektrizität eine Druckspannung im umliegenden Äther, so als wenn man einen Fremdkörper in ein Meer aus Gelee hineindrückt. Wenn zwei Körper, die beide in dem Äther ruhen, mit gleicher Elektrizität aufgeladen sind, so stoßen sie sich gegenseitig ab, und man stellt sich vor, dass ihre Abstoßung, durch die Druckkräfte übertragen wird, die dieser Zustand der Druckspannung im Äther ausbildet.

Nehmen wir aber an, dass die beiden geladenen Körper, anstatt im Äther zu ruhen, sich durch diesen mit einer gleichförmigen Geschwindigkeit von 1000 Meilen pro Sekunde von Osten nach Westen bewegen. Da die Körper sich relativ zueinander in Ruhe befinden, zeigt das Relativitätsprinzip, dass die beobachtbaren Phänomene immer noch genau die gleichen sind, als wenn sie beide im Äther in absoluter Ruhe waren. Aber ein ganz anderer Mechanismus müsste die Phänomene in diesem zweiten Fall erzeugen. Ein Teil der Abstoßung ist immer noch das Ergebnis einer Druckspannung im Äther, aber nicht alles kann dadurch erklärt werden. Wenn sich elektrische Ladungen im Raum bewegen, entstehen magnetische Kräfte. Der Rest der Phänomene muss deshalb auf magnetische Kräfte zurückgeführt werden, und diese können nicht als Drücke oder Spannungen im Äther erklärt werden, sondern müssen auf ein kompliziertes System von Wirbelwinden oder Wirbelwellen zurückgeführt werden.

Komplexere elektromagnetische Phänomene werden im Allgemeinen durch eine Kombination von elektrischen und magnetischen Kräften erzeugt, und die beiden Arten von Mechanismen greifen in verschiedenen Verhältnissen mit unterschiedlichen Bewegungsgeschwindigkeiten in den Äther ein. So besteht beim Versuch, eine mechanische Erklärung dieser Phänomene zu finden, die Notwendigkeit zwei verschiedenen Mechanismen zu finden, welche die identisch gleichen Phänomene erzeugen. Zudem muss gezeigt werden, dass jeder denkbare Äther beide Mechanismen gleichzeitig und koordiniert berücksichtigen kann. Aber selbst wenn dies bewiesen werden könnte, wäre eine solche Dualität der Mechanismen, die erforderlich wäre um nur ein einziges beobachtbares Phänomen zu erzeugen, völlig im Widerspruch zu den üblichen Wirkungen der Natur, dass wir notwendigerweise das Gefühl haben, auf dem Holzweg zu sein. Newtons Gravitationstheorie hätte wohl wenig Chance auf Akzeptanz gehabt, wenn er einen Doppelmechanismus postuliert hätte, um zu erklären, warum ein Apfel vom Baum fällt, indem er hinzugefügt hätte, dass der eine Mechanismus im Sommer und der andere im Herbst wirksam wäre.

Newton selbst betonte die Notwendigkeit, doppelte Mechanismen dieser Art zu vermeiden. Seine *Principia* enthält eine Reihe von „Regeln zur Naturerklärung", von denen die ersten beiden wie folgt lauten:

REGEL I

Wir dürfen keine anderen Ursachen für

natürliche Dinge zulassen als solche, die wahr sind und zugleich ausreichen, ihre Erscheinungen zu erklären.

Deshalb sagen die Philosophen, dass die Natur nichts Nutzloses tut, und ein Mehr ist nutzlos, wenn weniger ausreicht, denn die Natur erfreut sich einer Einfachheit und leistet sich nicht den Luxus überflüssiger Ursachen.

REGEL II

Deshalb müssen wir, soweit möglich, gleichartigen Wirkungen gleiche Ursachen zuweisen.

So bei der Atmung von Menschen und Tieren; bei dem Fall von Steinen in Europa und Amerika; beim Licht unseres Herdfeuers und der Sonne; bei der Reflexion des Lichts auf der Erde und auf den Planeten.

Es gibt jedoch ein gewichtigeres Argument als dieses gegen die Annahme, dass ein Lichtäther Strahlung und elektrische Wirkungen überträgt.

Wir haben gesehen, wie sich anscheinend Elektrizität, Magnetismus und Licht alle verschworen haben, uns daran zu hindern, Bewegungen im Äther zu erkennen, aber Schwerkraft zuzulassen. Diese war immer von den sonstigen physikalischen Phänomenen getrennt und scheint ganz anderer Art zu sein. Im

Gesetz der Schwerkraft ist die Vorstellung einer Distanz enthalten. Es sagt aus, dass die Gravitationskräfte zwischen zwei Körpern von ihrem Abstand abhängen und bei gleichen Abständen gleich sind. So liefert das Gravitationsgesetz zumindest theoretisch einen Maßstab für die Messung von Abständen.

Ein Äther, der elektrische Wirkungen überträgt, kann jedoch kaum die Gravitationswirkung übertragen, da alle seine Eigenschaften, mit denen wir Gravitationskräfte darstellen können, bereits bei der Übertragung von elektrischen und magnetischen Kräften gebraucht werden. Man muss daher annehmen, dass der Maßstab des Gravitationsgesetzes nicht durch die Fitzgerald-Lorentz-Kontraktion schrumpft, und mit einem solchen Maßstab sollten wir in der Lage sein, die Geschwindigkeit der Erde durch den Raum zu messen.

Lassen Sie uns die Möglichkeit im Hinblick auf den einfachsten konkreten Fall untersuchen. Wir wollen unsere Erde idealisieren und sie uns als perfekten Globus denken. Da jeder Punkt auf seiner Oberfläche jetzt dieselbe Entfernung vom Erdzentrum hat, wird die Schwerkraft überall gleich sein. Wenn sich nun diese idealisierte Erde durch den Äther mit einer Geschwindigkeit von tausend Meilen pro Sekunde bewegt, würde die gewöhnliche Fitzgerald-Lorentz-Kontraktion dazu führen, dass ihr Durchmesser um etwa 30 Fuß (ca. 8 Meter) in der Bewegungsrichtung schrumpft und die

Punkte am Ende dieses kontrahierten Durchmessers jetzt näher am Erdzentrum sind als andere Punkte auf der Erdoberfläche, alle beweglichen Gegenstände auf der Erdoberfläche würden dazu neigen, bergab zu diesen beiden Punkten zu gleiten.

Selbst wenn sie existierte, wäre diese besondere Wirkung zu klein, um auf unserer realen Erde beobachtet zu werden, weil die Unregelmäßigkeiten von Bergen und Tälern, die wir durch die Idealisierung weggefiltert haben, eine etwaige 30-Fuß-Kontraktion weit überwiegen. Doch andere Gravitationserscheinungen ähnlicher Art sind groß genug, um eine Beobachtung zuzulassen, insbesondere die Bewegungen der Perihelien der Planeten. Und diese zeigen, dass die Gravitation sozusagen im Bündnis mit den anderen Naturkräften stehen, um Bewegungen durch den Äther zu verbergen. Wenn ein realer materieller Maßstab der Fitzgerald-Lorentz-Kontraktion ausgesetzt ist, dann ist es die Längenmessung durch das Gravitationsgesetz gleichfalls. Da jedoch die Gravitation nicht durch den Äther übertragen werden kann, ist es schwer zu sehen, wodurch die Maßstäbe des Gravitationsgesetzes dieser Kontraktion unterworfen werden können. Wir können nur schlussfolgern, dass die Fitzgerald-Lorentz-Kontraktion in der Realität überhaupt nicht existiert, und das zwingt uns, den mechanischen Äther aufzugeben.

Wir sind nun gezwungen, neu zu beginnen. Unsere Schwierigkeiten ergaben sich aus unserer ursprünglichen Annahme, dass alle Dinge in der Natur, und vor allem Lichtwellen, eine mechanischen Erklärung zulassen: Kurzum, wir haben versucht, das Universum als eine riesige Maschine zu behandeln. Da dies uns auf einen falschen Weg geführt hat, müssen wir nach einem anderen uns leitenden Prinzip suchen.

Ein sicherer Führer als das Leitbild mechanischer Erklärungen wird uns durch William von Occams Prinzip geliefert: *„Entia non sunt multiplicanda praeter necessitatem"* (Lat.: Wir dürfen die Existenz einer Entität nur dann annehmen, wenn wir dazu gezwungen werden.) Sein philosophischer Inhalt ist identisch mit dem von Newtons erster *„Regel zur Naturerklärung"*, wie oben zitiert. Die Regel ist rein destruktiv. Sie nimmt etwas weg, im gegenwärtigen Fall die Annahme eines mechanischen Universums mit einem zugrunde liegenden Äther, der mechanische Wirkung durch „leeren Raum" überträgt und setzt nichts an seiner Stelle.

Der einleuchtende Weg, die Lücke zu schließen, besteht darin, das Relativitätsprinzip einzuführen: „Die Natur ist so beschaffen, dass es unmöglich ist, die absolute Bewegung durch irgendwelche Experimente zu bestimmen." Auf den ersten Blick kommt es uns ungewöhnlich vor, jene Lücke zu füllen, die durch die Wegnahme des Äthers verursacht wurde. Die beiden Hypothesen sind von so verschiedener Natur, dass es unglaublich erscheinen mag, die zweite könnte in der Lage sein, die von der ersten gelassene Lücke wieder zu füllen. Denn in Wirklichkeit ist die eine fast genau die Antithese der anderen: Der Zweck der primären Funktion des Äthers war es, einen festen Bezugsrahmen zu liefern - all seine anderen Eigenschaften waren untergeordnete Hilfsmittel, welche durch die Bemühungen notwendig wurden die beobachteten Naturerscheinungen mit unserer ursprünglichen Annahme in Einklang zu bringen. Ihrem Wesen nach bedeutet die Relativitätstheorie nur die Verneinung dieser ursprünglichen Annahme, sodass die beiden genau antithetisch sind.

Gerade deshalb handelt es sich um eine klare Problemstellung, bei dem ein Experiment in der Lage ist, die Entscheidung herbeizuführen. Das Urteil ist ganz eindeutig. Wir haben gesehen, wie alle experimentellen Bemühungen, einen Äther zu erkennen, versagt haben, und haben dadurch die Hypothese der Relativität bestätigt. Jedes einzelne Experiment, das jemals durchgeführt wurde, hat soweit wir wissen, zugunsten der Relativitätshypothese entschieden.

Auf diese Weise wurde die Hypothese eines mechanischen Äthers entthront, und das Relativitätsprinzip eingeführt, das an seiner Stelle herrschen sollte. Das Signal für die Revolution war ein kurzes Papier, das Einstein im Juni

1905 veröffentlichte. Und mit seiner Publikation ging das Studium der inneren Arbeitsweise der Natur vom Ingenieur-Wissenschaftler auf den Mathematiker über.

Bis dahin hatten wir gedacht, der Raum sei etwas, das uns umgibt, und die Zeit etwas, das an uns vorbei fließt oder sogar durch uns hindurch. Die beiden schienen in jeder Hinsicht grundsätzlich verschieden zu sein. Wir können im Raum einen Weg zurückgehen, aber niemals in der Zeit. Wir können uns im Raum schnell bewegen, oder langsam oder gar nicht, ganz nach Belieben, aber niemand kann die Geschwindigkeit des Zeitflusses regeln – die Zeit strömt für uns alle mit der gleichen und sogar unkontrollierbaren Rate. Doch Einsteins erste Ergebnisse, wie sie Minkowsky vier Jahre später interpretierte, enthalten die erstaunliche Schlussfolgerung, dass die Natur nichts davon weiß.

Wir haben bereits besprochen, warum die Struktur der Materie überwiegend elektrisch ist, sodass alle physikalischen Phänomene letztlich elektromagnetischer Natur sind. Minkowsky zeigte, dass die Relativitätstheorie dazu zwingt, alle vorkommenden elektrischen Phänomene nicht als räumlich und zeitlich getrennt zu betrachten, wie man vorher dachte, sondern einheitlich in Raum und Zeit so gut verschweißt, dass man unmöglich irgendwelche Spuren ihrer Verbindung entdecken kann. Die Verbindung ist so vollkommen, dass die

Gesamtheit der Naturerscheinungen nicht in der Lage ist, das Produkt in Raum und Zeit getrennt zu zerlegen.

Wenn wir Länge und Breite zusammenschweißen, bekommen wir eine Fläche – sagen wir ein Kricketfeld. Die verschiedenen Spieler teilen es auf unterschiedliche Weise in seine beiden Dimensionen auf. Die Richtung, die „vorwärts" für den Bowler ist, ist „rückwärts" für den Batsman und ist von rechts nach links für den Schiedsrichter. Aber der Kricketball kennt keine dieser Unterscheidungen: Er geht dorthin, wohin er geschlagen wird, aufgrund der Naturgesetze, die den Bereich des Kricketfeldes als unteilbares Ganzes behandeln, wobei Länge und Breite zu einer einzigen undifferenzierten Einheit verschweißt sind.

Wenn wir ferner eine zweidimensionale Fläche (wie ein Kricketfeld) mit einer weiteren Dimension, etwa der Höhe, zusammenschweißen, erhalten wir einen dreidimensionalen Raum. Solange wir dies in der Nähe der Erde tun, können wir uns immer auf die Schwerkraft berufen, um unseren Raum in „Höhe" und „Fläche" zu trennen. Zum Beispiel ist für uns die Richtung der Höhe jene Richtung, in der es am schwersten ist, einen Kricketball eine gegebene Distanz zu werfen. Aber draußen im Weltraum bietet die Natur keine Möglichkeit, diese Trennung zu realisieren; die Naturgesetze wissen nichts von unseren rein örtlichen Begriffen der Horizontalen und Vertikalen und behandeln den Raum so als bestände er aus drei Dimensionen, zwischen denen keine Differenzierung möglich ist.

Durch einen Schweißprozess sind wir in der Fantasie von einer Dimension zu zwei und dann von zwei auf drei übergangen. Es ist schwieriger, von drei auf vier zu gehen, weil wir keine direkte Erfahrung eines vierdimensionalen Raumes haben. Und der vierdimensionale Raum, den wir besonders besprechen wollen, ist besonders schwer vorstellbar, weil eine ihrer Dimensionen gar nicht aus gewöhnlichem Raum besteht, sondern aus der Zeit. Um die Relativitätstheorie zu verstehen, sind wir aufgerufen, uns einen vierdimensionalen Raum vorzustellen, in dem drei Dimensionen des gewöhnlichen Raumes mit einer Dimension der Zeit verschweißt sind.

Wir wollen uns die Schwierigkeiten einzeln vornehmen, indem wir uns zunächst einen zweidimensionalen Raum vorstellen, der durch das Verschweißen einer Dimension des gewöhnlichen Raumes, nämlich der Länge und einer Zeitdimension, erhalten wird.

Fig. 2 (S. 136) kann uns helfen, das Konzept zu verstehen. Es repräsentiert in schematischer Form den Fahrplan des Cornish Riviera Express, der Paddington um 10.30 Uhr verlässt und das 226 Meilen entfernte Plymouth um 14.30 Uhr erreicht. Die horizontale Linie repräsentiert die 226 Meilen der Strecke, die die beiden Stationen verbindet und die vertikale Linie

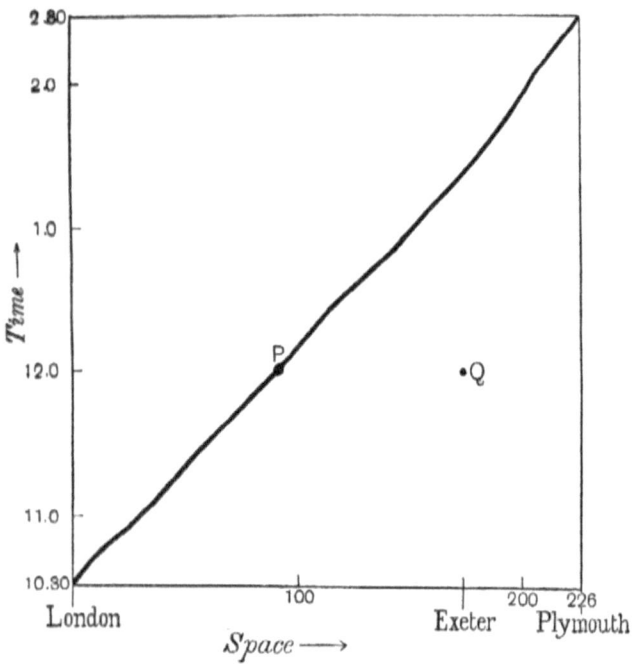

Fig. 2: Diagramm, um die Bewegung eines Zuges in Raum und Zeit zu illustrieren. Time = Zeit, Space = Raum.

stellt das Zeitintervall von 10 Uhr 30 bis 2 Uhr 30 an jedem Tag dar, an dem der Zug fährt.

Die dicke Linie stellt das Vorrücken des Zuges dar. Zum Beispiel ist der Punkt P auf dieser Linie gegenüber der Zeit 12.0 Mittag und der Strecke $91^1/_2$ Meilen von Paddington, was darauf hinweist, dass der Zug um die Mittagszeit $91^1/_2$ Meilen zurückgelegt hat. Auf der anderen Seite ist ein Punkt wie Q eine Stelle irgendwo in der Nähe von Exeter um die Mittagszeit. Er liegt nicht auf der dicken Linie, denn der Zug erreicht Exeter nicht mittags. Die gesamte Fläche des Diagramms repräsentiert alle möglichen Punkte auf der Linie zwischen Paddington und Plymouth zu allen Zeiten zwischen 10.30 Uhr und 2.30. Uhr. Durch das Zusammenschweißen einer Länge, nämlich 226 Meilen Eisenbahnstrecke und einer Zeit, nämlich vier Stunden um den Mittag herum, haben wir einen Bereich mit einer Raumdimension und einer Zeitdimension erhalten.

Auf gleiche Weise können wir uns die drei Dimensionen des Raumes zusammen mit einer Zeitdimension vorstellen, die ein vierdimensionales Volumen bilden, das wir „Kontinuum" nennen wollen. Das Relativitätsprinzip, wie es von Minkowsky interpretiert wird, besagt, dass man sich das Auftreten aller Phänomene des Elektromagnetismus in einem Kontinuum aus vier Dimensionen vorstellen kann, welches aus drei Dimensionen des Raumes und einer der Zeit besteht, wobei *es unmöglich ist, den Raum von der Zeit in irgendeiner absoluten Weise zu trennen*. Mit anderen Worten: In dem Kontinuum sind Raum und Zeit so vollständig miteinander verschweißt, dass die Naturgesetze keinen Unterschied zwischen ihnen machen, so wie beim Kricketfeld Länge und Breite vollkommen miteinander verschmolzen sind, und der fliegende Kricketball nicht zwischen den Dimensionen unterscheidet, sondern das Feld als cinc cinheitliche Fläche behandelt, bei dem getrennte Dimensionen von Länge und Breite jede Bedeutung verloren haben.

Man kann einwenden, dass Fig. 2 keine Hilfe dabei ist, sich dieses Kontinuums vorzustellen, dass es nur ein Diagramm ist; dass es nicht wirklich das Zusammenschweißen von realer Zeit und Länge repräsentiert, sondern nur von einer Länge mit einer anderen Länge, die wie jeder weiß, eine Fläche ergibt - in diesem Fall die Seite des Buches. Wir müssen nicht gegen diesen Einwand argumentieren, denn unsere endgültige Schlussfolgerung wird sein, dass das vierdimensionale Kontinuum in gleicher Weise auch rein schematisch ist. Es ist nur ein zweckdienlicher Rahmen, um die Arbeit der Natur darzustellen, genauso wie Fig. 2 einen zweckdienlichen Rahmen bietet, um den Lauf eines Zuges zu zeigen.

Doch gerade weil wir in diesem Rahmen die ganze Natur darstellen können, muss er einer bestimmten objektiven Realität entsprechen. Aber seine Teilung in Raum und Zeit ist nicht objektiv, sie ist nur subjektiv. Wenn Sie und ich uns zufällig mit verschiedenen Geschwindigkeiten bewegen, bedeuten Ihnen Raum und Zeit etwas anderes, als was sie für mich bedeuten. Wir teilen das Kontinuum in Raum und Zeit auf unterschiedliche Weise, so wie, wenn wir in verschiedene Richtungen blicken, „vorne" und „nach links" unterschiedliche Bedeutungen für uns beide haben, oder genau wie der Werfer und der Schläger sich ein Kricketfeld auf verschiedene Weisen teilen, wovon der Kricket-Ball aber nichts weiß. Auch wenn ich meine eigene

Bewegungsgeschwindigkeit ändere, indem ich auf die Bremsen meines Autos trete oder auf einen fahrenden Zug aufspringe, arrangiere ich die Teilung des Kontinuums in Raum und Zeit für mich neu. Und das Wesen der Relativitätstheorie ist, dass die Natur nichts von diesen Teilungen des Kontinuums in Raum und Zeit kennt, in Minkowskys Worten: „Raum und Zeit als getrennte Einheiten haben sich als Einbildungen verflüchtigt und nur eine Art Kombination von beiden bewahrt jegliche Realität."

Das zeigt, warum der alte Lichtäther unweigerlich von der Bildfläche verschwinden musste - er behauptete, „den ganzen Raum" zu füllen und so das Kontinuum objektiv in Zeit und Raum zu teilen. Und die Naturgesetze, die solche Aufteilungen nicht gelten lassen, können die Existenz des Äthers nicht als eine Möglichkeit akzeptieren.

Wenn wir also die Ausbreitung von Lichtwellen und elektromagnetischen Kräften visualisieren wollen, indem wir sie als Störungen in einem Äther denken, so muss unser Äther etwas ganz anderes sein als der mechanische Äther von Maxwell und Faraday. Man kann ihn als eine vierdimensionale Struktur betrachten, die das ganze Kontinuum ausfüllt und sich so über den ganzen Raum und die ganze Zeit erstreckt, in welchem Fall wir uns alle desselben Äthers erfreuen. Oder wenn wir einen dreidimensionalen Äther wollen, so muss er in einer Weise subjektiv sein, wie es der Maxwell-

Faraday-Äther nicht war. Jeder von uns muss dann seinen eigenen Äther mit sich tragen, so wie in einem Regenschauer jeder seinen eigenen Regenbogen mit sich trägt. Wenn ich meine Bewegungsgeschwindigkeit ändere, schaffe ich einen neuen Äther für mich, genau wie, wenn ich ein paar Schritte in einem sonnenbeschienenen Regenschauer gehe, für mich einen neuen Regenbogen erhalte. Und wenn das oben beschriebene erweiterte Universum keine reine Illusion ist, muss sich jeder individuelle Äther unaufhörlich ausdehnen und strecken. Ob eine solche Struktur als Äther bezeichnet werden soll, ist fraglich. Es wäre schwer, irgendeine Eigenschaft zu finden, die er mit dem alten Äther des 19. Jahrhunderts gemein hat. In der Tat, da die Hypothese der Relativität die genaue Negation der Existenz des alten Äthers ist, ist es klar, dass jeder Äther, den die Relativitätstheorie gestatten kann, das genaue Gegenteil des alten Äthers sein muss. Unter diesen Umständen würde es nur zu Missverständnissen führen, wenn man die Relativitätshypothese unter dem gleichen Namen führen würde.

Ich glaube nicht, dass es hierüber eine echte Meinungsverschiedenheit unter den kompetenten Wissenschaftlern gibt. Der Äther in seinen verschiedenen Energieformen dominiert die moderne Physik, wegen seiner Assoziationen zum Äther des 19. Jahrhunderts vermeiden die heutigen Physiker jedoch diesen Begriff und gebrauchen stattdessen die Worte „Raum", „Hintergrundfeld", „Quantenfeld" oder Ähnliches. Der Begriff, der verwendet wird, spielt keine Rolle.

Klar, wenn es gleichgültig ist, ob wir von dem Äther oder vom Raum, von der Existenz oder Nicht-Existenz des Äthers sprechen, dann können selbst seine ehemals leidenschaftlichsten Anhänger nicht viel objektive Realität dafür beanspruchen.

Ich denke, es ist das Beste, den Äther als einen zweckdienlichen Bezugsrahmen anzusehen, genau wie das Diagramm auf S. 136 ein Bezugsrahmen ist. Seine Existenz ist genauso real und ebenso unwirklich wie die des Äquators oder des Nordpols oder des Null-Meridians von Greenwich. Er ist eine Schöpfung des Denkens, und hat keine physikalisch nachweisbare Substanz.

So stehen wir auf sicherem Grund, wenn wir an den Äther als reine Abstraktion denken. Das Universum besteht nur aus Wellen, und wir haben zuerst den Äther als Nominativ des Verbes „wogen" eingeführt. Diese Auffassung muss nun aufgegeben werden, denn der völlig unsubstanzielle Äther, als den wir ihn jetzt betrachten, ist ebenso unfähig zu wellen oder zu wogen wie der Äquator oder der Greenwich-Meridian. Es folgt natürlich nicht, dass nichts Wellenartiges durch dieses immaterielle Medium propagiert werden kann. Wir sprechen von einer Hitzewelle oder einer Selbstmordwelle und fragen nicht nach einem wellenförmigen Medium, um diese Wellen zu befördern. Die Hitzewelle könnte sich um den Äquator und die Selbstmordwelle entlang des Meridians von Greenwich verbreiten. Jedes Jahr reist die Kartoffelfäule über England als Welle von Westen kommend nach Osten. Den Durchgang dieser Krankheit durch die Längengrade kann man mit dem Durchgang einer Welle durch den Äther vergleichen. Kartoffelpflanzen sind nicht das Fortbewegungsmittel, denn sie bilden kein zusammenhängendes Gebiet. Sie zeigen nur das Ausmaß ihrer Ausdehnung an, wie Staubflocken im Sonnenlicht.

Man kann meinen, dass wir, obwohl wir keinen direkten Beweis für die Existenz des Äthers erhalten können, doch für die Natur der Wellen, die durch ihn hindurchgehen, in allen jenen Phänomenen finden können, die man allgemein als Beweis für die wellenförmige Natur des Lichts ansieht, wie die Newton-Ringe, Beugungsmuster und Interferenzphänomene. Das ist aber nicht so, denn wir haben keine direkte Kenntnis von den vermeintlichen Wellen, außer sie offenbaren sich durch Materieteilchen. Die eben erwähnten Phänomene geben uns deshalb keine Kenntnis von Dingen, die durch den Äther gehen, sondern nur von deren Wechselwirkungen mit Materie. Soweit wir wissen, pflanzt sich überhaupt nichts fort, das konkreter ist als eine mathematische Abstraktion - es ist wie der astronomische Mittag, der sich auf der Erdoberfläche fortpflanzt, während die Erde sich unter der Sonne dreht. Dennoch kann ich mir einen Physiker vorstellen, der in diesem Stadium mit einem Einwand kommt. Etwa so:

Physiker: Der Sonnenschein draußen stellt Energie dar, die in der Sonne erzeugt wurde. Vor acht Minuten war sie in der Sonne. Jetzt ist es hier. Darum muss sie von der Sonne gekommen und durch den Raum zwischen der Sonne und uns gewandert sein. Es scheint mir also, dass sich Energie durch den Raum fortpflanzt.

Mathematiker: Lassen Sie uns die Frage, um die es geht, so genau wie möglich stellen. Lassen Sie uns unsere Aufmerksamkeit auf ein bestimmtes Päckchen Sonnenlicht richten, sagen wir das Sonnenlicht, das innerhalb einer Sekunde auf mein Buch fällt, während ich draußen im hellen Sonnenschein sitze und lese. Dieses Päckchen war, sagen Sie, vor acht Minuten in der Sonne. Vor vier Minuten war es, wie ich vermute, draußen im Weltraum, auf halbem Weg zwischen der Sonne und uns. Hatte es vor sechs Minuten drei Viertel des Weges zu uns zurückgelegt?

Physiker: Ja. Und das nenne ich, Fortpflanzung durch den Raum. Energie bewegt sich von einem Stückchen Raum zum anderen.

Mathematiker: Ihr Konzept schließt ein, dass zu jedem Zeitpunkt die verschiedenen kleinen Raumstücke von verschiedenen Energiemengen besetzt sind. Wenn ja, sollte es natürlich möglich sein, zu berechnen oder zu messen, wie viel Energie sich in einem gegebenen Raumstück zu einem gegebenen Zeitpunkt befindet. Wenn Sie davon ausgehen, dass die Sonne in einem Äther ruht und dass das Sonnenlicht Energie ist, die sich durch diesen Äther fortpflanzt, dann gebe ich zu, dass Sie eine ganz bestimmte Antwort auf das Problem bekommen können. Maxwell hat sie im Jahre 1863 gegeben. Auch wenn Sie davon ausgehen, dass die Sonne und natürlich das ganze Sonnensystem mit ihr, sich mit bekannter Geschwindigkeit ständig durch den Äther bewegt, sagen wir mit 1000 Meilen pro Sekunde, können Sie auch eine definitive Antwort auf Ihr Problem erhalten. Aber - und das ist der Kern der Sache - die beiden Antworten sind anders. Wollen Sie mir sagen, welches die richtige Antwort ist?

Physiker: Offensichtlich ist die erste richtig, wenn die Sonne im Äther ruht, und die zweite, wenn sich die Sonne mit einer konstanten Geschwindigkeit von 1000 Meilen pro Sekunde durch den Äther bewegt.

Mathematiker: Ja, aber wir sind uns doch einig, dass „Ruhen im Äther" überhaupt nichts bedeutet, weil „Ruhen" nicht festgestellt werden kann, und „eine stetige Geschwindigkeit von 1000 Meilen pro Sekunde durch den Äther" aus gleichem Grund ebenfalls nichts bedeutet. Wenn wir versuchen, ihnen eine Bedeutung zu geben, so bestehen alle Phänomene der Natur darauf, dass für beides dieselbe Bedeutung gelten muss. Wenn unterschiedliche Dinge das Gleiche bedeuten sollen, haben wir einen Widerspruch. Folglich finde ich Ihre Antwort bedeutungslos.

Auf diese Weise finden wir, dass der Versuch, die Energie auf verschiedene Raumbereiche aufzuteilen, zu einer Mehrdeutigkeit führt, die nicht gelöst werden kann. Es scheint naturgesetzlich zu sein, dass die Aufteilung der Energie auf Raumbereiche illusorisch ist und dass deshalb unser Versuch in die Irre führt.

Und wieder wird der Versuch, den Energiefluss als eine konkrete Strömung zu betrachten, immer wieder durch sich selbst besiegt. Bei einem Wasserstrom, können wir sagen, dass ein bestimmtes Wasserteilchen jetzt hier ist, und jetzt dort. Bei der Energie ist es nicht so. Die Vorstellung der durch den Raum fließenden Energie ist als Bild nützlich, führt aber zu Absurditäten und Widersprüchen, wenn wir es als Realität behandeln. Der Mathematiker bringt das ganze Problem in die Realität zurück, indem er diesen Energiefluss als bloße mathematische Abstraktion behandelt. In der Tat ist er fast gezwungen, weiter zu gehen und die Energie selbst als bloße mathematische Abstraktion zu behandeln – nämlich als Integrationskonstante in einer Differenzialgleichung. Wenn er dies tut, ist es nicht absurder, zwei verschiedene Werte für die Energiemengen in einem bestimmten Raumbereich zu haben, als zwei verschiedene Zeiten am gleichen Ort, wie z. B. die Standard- und die Sommerzeit in New York, oder die zivile und siderische Zeit in einem Observatorium. Wenn er dies ablehnt, bleibt ihm nichts anderes übrig die unhaltbare Position zu verteidigen, dass das Universum in konkreter Weise aus Energie in ihren beiden Formen der Materie und der Strahlung gebaut ist und dass Energie dennoch nicht an einem Ort lokalisiert werden kann. Wir werden diese Situation weiter unten besprechen.

Bevor wir weiter gehen, andere Folgerungen der Relativitätstheorie zu betrachten, erscheint es zweckmäßig, das Wort „Äther" zugunsten des Begriffs „Kontinuum" endgültig zu verwerfen. Unter Kontinuum verstehen wir den vierdimensionalen „Raum", den wir bereits kennengelernt haben, in dem die drei Dimensionen des gewöhnlichen Raumes durch die Zeit als vierte Dimension ergänzt werden.

Gesetze der Natur drücken Geschehnisse in Zeit und Raum aus, und kann man natürlich auch auf dieses vierdimensionale Kontinuum beziehen. Bei der quantitativen Erörterung dieser Gesetze ist es praktisch, sich sowohl Zeit als auch Raum in einer ganz besonderen und sehr künstlichen Weise vorzustellen. Wir messen nicht Längen in Metern oder Zentimetern, sondern in Bezug auf eine Einheit von etwa 300.000 Kilometern, der Strecke, die das Licht in einer Sekunde zurücklegt. Und wir werden die Zeit nicht in gewöhnlichen Sekunden messen, sondern in einer geheimnisvollen Einheit, die gleich einer Sekunde multipliziert mit $\sqrt{-1}$

(die Quadratwurzel von -1) ist. Mathematiker sprechen von $\sqrt{-1}$ als „imaginäre" Zahl, weil sie außerhalb ihrer Gedankenwelt keine Existenz hat, sodass wir die Zeit in einer höchst künstlichen Weise messen. Wenn wir gefragt werden, warum wir diese seltsamen Messmethoden gebrauchen, ist die Antwort, dass sie das eigentliche Messsystem der Natur zu sein scheint. Jedenfalls erlauben sie uns, die Resultate der Relativitätstheorie in der einfachst möglichen Form auszudrücken. Wenn wir weiter gefragt werden, warum dies so ist, können wir keine Antwort geben - wenn wir es könnten, würden wir weit tiefer in die inneren Mysterien der Natur eindringen, als wir es jetzt tun.

Wir wollen also damit einverstanden sein, das soeben beschriebene seltsame Messsystem zu verwenden und unser Kontinuum entsprechend zu konstruieren. Minkowsky hat gezeigt, dass, wenn die Relativitätshypothese stimmt, die Darstellung der Naturgesetze keinen Unterschied zwischen Zeit und Raum machen darf. Wenn das Kontinuum in der eben beschriebenen Weise konstruiert wird, treten die drei Dimensionen des Raumes und die eine der Zeit als absolut gleichberechtigte Partner in die Formulierung jedes Naturgesetzes ein. Wenn sie es nicht täten, wäre das Gesetz im Widerspruch zum Relativitätsprinzip.

Man bemerkte bald, dass Newtons berühmtes Gravitationsgesetz nicht mit der eben erwähnten Bedingung übereinstimmt, sodass entweder das newtonsche Gesetz oder die Hypothese der Relativität falsch ist. Einstein untersuchte, in welcher Weise das newtonsche Gesetz abgewandelt werden müsste, um es in Übereinstimmung mit der Relativitätshypothese zu bringen, und stellt fest, dass die notwendigen Abänderungen das Auftreten von drei neuen Phänomenen beinhalteten, die im alten newtonschen Gesetz nicht enthalten waren. Mit anderen Worten, die Natur bot drei verschiedene Wege an, um zwischen den Gesetzen von Einstein und Newton aufgrund von Beobachtungen zu entscheiden. Als die Probe gemacht wurde, war die Entscheidung für Einstein in jedem Fall günstig.

Was wir „Gravitationsgesetz" nennen, ist streng genommen nichts weiter als eine mathematische Formel, die die Beschleunigung eines sich bewegenden Körpers angibt – das Maß, mit dem er seine Geschwindigkeit ändert. Das newtonsche Gesetz verlockte zu einer ziemlich offensichtlichen mechanischen Interpretation: Ein Körper bewegte sich demnach genauso, als ob er „von seiner geradlinig gleichförmigen Bewegung durch eine Kraft abgelenkt würde" (um Newtons Ausdruck zu gebrauchen), die dem umgekehrten Quadrat der Entfernung proportional ist. Newton ging dementsprechend von der Existenz einer solchen Kraft aus. Sie wurde „Schwerkraft" genannt. Einsteins Gesetz eignete sich nicht für eine solche Interpretation in Form von Kräften oder gar einer mechanischen Interpretation - noch ein Hinweis darauf, wenn man einen gebraucht hätte, dass das Zeitalter der mechanischen Wissenschaft vorbei war. Aber man stellte fest, dass man es auf einfache Weise geometrisch interpretieren konnte. Die Wirkung einer anziehenden Masse bestand nicht, wie Newton es sich vorgestellt hatte, in der Ausübung einer „Kraft", sondern darin, das vierdimensionale Kontinuum in seiner Nachbarschaft zu verformen. Der sich bewegende Planet oder der Kricketball wurde nicht von seiner geradlinigen Bewegung durch eine Zugkraft, sondern durch eine Krümmung des Kontinuums angezogen.

Es ist schwierig genug, sich das vierdimensionale Kontinuum vorzustellen, auch wenn es ungekrümmt ist, und noch mehr, sich seine Krümmungen vorzustellen, aber die zweidimensionale Analogie einer Fläche kann dabei helfen. Oberflächen wie ein Kricketfeld oder die Haut unserer Hand sind zweidimensionale Kontinua. Die Analogien der Krümmungen, die durch Gravitationsmassen hervorgerufen werden, sind Maulwurfshügel oder Bläschen. Der Kricketball, der über einen Maulwurfshügel rollt, wird von seiner geradlinigen Bewegung „abgelenkt" wie ein Komet oder ein Lichtstrahl, der in der Nähe der Sonne vorüberzieht. Und die kombinierten Verformungen des vierdimensionalen Kontinuums, die durch das Universum als Ganzes hervorgebracht werden, veranlassen das Kontinuum, sich auf sich selbst zurückzubiegen, um eine geschlossene Oberfläche zu bilden, sodass der Weltraum „begrenzt" wird, mit den Ergebnissen, die bereits im zweiten Kapitel besprochen wurden.

Raum und Zeit als getrennte Dinge sind bereits aus dem Universum verschwunden. Gravitationskräfte verschwinden nun auch, sodass nur ein gekrümmtes Kontinuum übrig bleibt. Man kann natürlich fragen, warum elektromagnetische Kräfte überleben und welche Rolle sie im Kontinuum spielen. Obwohl die Frage nicht endgültig geklärt ist, scheint es möglich, dass diese auch dazu bestimmt sind, den Weg der Gravitationskräfte zu gehen. Weyl und Eddington haben nacheinander Theorien geometrischer Art vorgestellt, die sich jedoch nicht gegenüber vorgebrachten Einwänden behaupten konnten. Aber welche Theorie auch immer vorherrschen wird, eines scheint ziemlich sicher, dass sich in der einen oder anderen Weise elektromagnetische Kräfte nur als eine neue Art Krümmung des Kontinuums herausstellen werden, die sich in ihrer Geometrie wesentlich unterscheidet, aber in keiner anderen Hinsicht von jenen Wirkungen, die wir als Wirkungen der Schwerkraft beschreiben. Wenn dem so ist, wird sich das Universum in einen leeren, höherdimensionalen Raum aufgelöst haben, der völlig frei von Substanz ist und außer seiner geometrischen Gestaltung in Form großer intensiver oder kleiner schwacher Runzeln, keine sonstigen Merkmale besitzt.

Was wir bisher als die Fortpflanzung von Energie bezeichnet haben, wie die Übertragung des Sonnenlichts von der Sonne zur Erde, reduziert sich jetzt auf nichts anderes als die kontinuierliche Folge wellenartiger Runzeln entlang einer Linie im Kontinuum, die sich über etwa acht Minuten Zeit und 150 Millionen Kilometer Länge erstreckt. Wir sehen jetzt, dass wir uns Energie nicht als die Fortpflanzung von irgendetwas Konkreten oder Objektiven durch den Raum vorstellen können, wenn wir nicht zuerst das Kontinuum objektiv in Raum und Zeit aufteilen, und genau das ist uns aus physikalischer Sicht verboten.

Zusammenfassend lässt sich feststellen, dass eine Seifenblase mit Unregelmäßigkeiten und Wellen an ihrer Oberfläche vielleicht die beste Darstellung des neuen Universums ist, das uns die Relativitätstheorie offenbart hat, und zwar in Begriffen einfacher und vertrauter Materialien. Das Universum ist nicht das Innere der Seifenblase, sondern seine Oberfläche, und wir müssen uns immer daran erinnern, dass, während die Oberfläche der Seifenblase nur zwei Dimensionen hat, die Universumsblase aus vier besteht – nämlich drei Dimensionen des Raumes und einer der Zeit. Und die Substanz, aus der diese Blase entstand, der Seifenfilm, ist leerer Raum verschweißt mit leerer Zeit.

5. Ein Lichtschimmer auf tief verborgene Geheimnisse

Lassen Sie uns diese aus der Leere aufgeblasene Seifenblase, die der modernen Wissenschaft als Metapher für das Universum dient, genauer untersuchen. Ihre Oberfläche ist reich an Unregelmäßigkeiten und Wellen. Diese kann man in zwei Hauptarten unterteilen, die wir als Materie und als Strahlung interpretieren und aus deren Bestandteilen das Universum uns gebaut scheint.

Die eine Art Unregelmäßigkeit verkörpert Strahlung. Alle Strahlung bewegt sich mit derselben gleichförmigen Geschwindigkeit von etwa 300.000 Kilometern pro Sekunde. Wenn der Zug in Fig. 2 (S. 136) mit einer gleichförmigen Geschwindigkeit von einer Meile (in England ist die Meile die übliche Längeneinheit) pro Minute gereist wäre, hätte man seine Bewegung durch eine vollkommen gerade Linie, die in einem Winkel von 45° zur Vertikalen geneigt ist, darstellen können. Eine Folge von Zügen, die alle gleichförmig eine Meile pro Minute fahren, würde durch eine Vielzahl von Linien parallel dazu dargestellt werden. Jetzt wollen wir unsere Standardgeschwindigkeit von einer Meile pro Minute auf 300.000 Kilometern pro Sekunde ändern und die eine Richtung von London nach Plymouth durch alle Richtungen im Raum ersetzen. Das Diagramm auf S. 136

wird nun durch das vierdimensionale Kontinuum ersetzt, und die Strahlung wird durch einen Satz von Linien dargestellt, die alle denselben Winkel (45°) mit der zeitlichen Vorwärtsbewegung bilden.

Die andere Art von Unregelmäßigkeiten verkörpert Materie. Diese bewegt sich bei allen Materiearten mit unterschiedlichen Geschwindigkeiten durch den Raum , aber alle sind klein im Vergleich zur Geschwindigkeit des Lichts. Um eine erste grobe Annäherung zu haben, können wir alle Materie als ruhend im Raum betrachten, sodass sie sich nur in der Zeit vorwärts bewegt und ihre definierenden Merkmale, nur in Zeitrichtung fortschreiten, genauso wie wenn der Zug, dessen Reise die Grafik Fig. 2 (S. 136) darstellt, an einer Station hält, und sein Aufenthalt dort durch eine kleine vertikale Linie dargestellt würde.

Die Merkmale, die Materie verkörpern, neigen dazu, breite Bänder über die Oberfläche der Seifenblase zu bilden, wie breite Farbstreifen auf einer Leinwand. Das kommt daher, weil die Materie des Universums dazu neigt, sich in große Massen – als Sterne und andere astronomische Körper - zusammenzuballen. Diese Bänder oder Streifen nennt man „Weltlinien". Die Weltlinie der Sonne zeigt die Lage der Sonne im Raum, den sie an jedem Zeitpunkt innehat. Wir können dies grafisch wie in Fig. 3 (S. 154) darstellen.

So wie ein Kabel aus einer großen Anzahl feiner Drahtfäden besteht, so ist die Weltlinie eines großen Körpers wie die Sonne aus unzähligen kleineren Weltlinien gebildet, den Weltlinien der einzelnen Atome, aus denen sich die Sonne zusammensetzt. Hier und da treten diese feinen Fäden in das Hauptkabel ein oder verlassen es, je nachdem ein Atom von der Sonne verschluckt oder ausgestoßen wird.

Wir können uns die Oberfläche der Blase als einen Wandteppich vorstellen, dessen Fäden die Weltlinien der Atome sind. Insoweit Atome dauerhaft und unzerstörbar sind, durchziehen

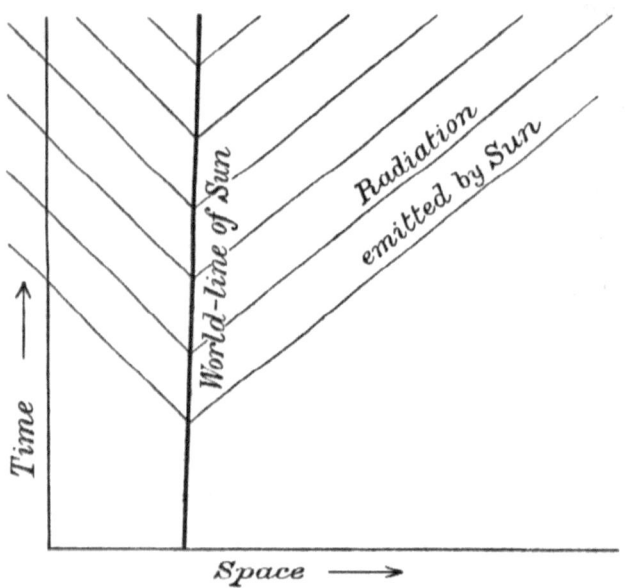

Fig. 3: Diagramm der Bewegung de Sonne und ihrer Strahlung in Raum und Zeit. Time = Zeit, Space = Raum, World-line of Sun = Weltlinie der Sonne, Radiation emitted by Sun = Strahlung der Sonne

die fadenartigen Weltlinien der Atome die ganze

Länge des Bildes in Richtung der vorrückenden Zeit. Aber wenn Atome fusionieren, können ihre Fäden plötzlich enden und Quasten von Weltlinien der entstehenden Strahlung spreizen aus ihren Enden heraus.

Wenn wir uns auf dem Wandteppich entlang der Zeit bewegen, verschieben sich seine verschiedenen Fäden immer wieder in Raumrichtung und ändern so ihre Lage relativ zueinander. Der Webstuhl ist so eingestellt, dass sie gezwungen sind, dies nach bestimmten Regeln zu tun, die wir die „Naturgesetze" nennen.

Die Weltlinie der Erde ist ein kleineres Kabel, das aus mehreren Strängen besteht, die Berge, Bäume, Flugzeuge, menschliche Körper und so weiter darstellen, und zusammen die Erde ausmachen. Jeder Strang besteht aus zahlreichen Fäden - den Weltlinien seiner Atome. Ein Strang, der einen menschlichen Körper darstellt, unterscheidet sich nicht in allen beobachtbaren Wesensmerkmalen von anderen Strängen. Er verschiebt sich, relativ zu den anderen Strängen, weniger frei als ein Flugzeug, aber freier als ein Baum. Wie der Baum fängt er als kleines Ding an und wächst durch kontinuierliche Absorption von außen zugeführten Atomen - seine Nahrung. Die Atome, aus denen sie entstanden ist, unterscheiden sich nicht wesentlich von anderen Atomen. Ganz ähnliche Atome wirken bei der Komposition von Bergen, Flugzeugen und Bäumen mit.

Dennoch haben die Fäden, die die Atome eines menschlichen Körpers darstellen, die besondere Fähigkeit, unserem Geist Eindrücke durch unsere Sinne zu vermitteln. Diese Atome beeinflussen unser Bewusstsein direkt, während alle anderen Atome des Universums es nur indirekt durch die Vermittlung dieser Atome beeinflussen können. Wir können das Bewusstsein am ehesten als etwas ansehen, das sich ganz außerhalb des Bildes befindet und mit ihm nur durch die Weltlinien unseres Körpers in Kontakt kommt.

Ihr Bewusstsein berührt das Bild nur auf Ihrer Weltlinie, meines entlang meiner Weltlinie und so weiter. Die Wirkung, die durch diesen Kontakt hervorgerufen wird, ist in erster Linie ein Zeitablauf. Wir fühlen uns, als würden wir auf unserer Weltlinie entlang geschleppt werden, um die darauf liegenden verschiedenen Punkte zu erleben, die unsere Gemütszustände zu den verschiedenen Zeitpunkten darstellen.

Es mag sein, dass die Zeit von ihrem Beginn bis zum Ende der Ewigkeit vor uns im Bild ausgebreitet liegt, aber wir sind nur einen Augenblick in Kontakt mit ihr, so wie der Fahrradreifen nur mit einem Punkt der Straße in Berührung kommt. Dann geschehen Ereignisse nicht, wie Weyl es ausdrückte, wir kreuzen nur ihren Weg. Oder, wie Platon es vierundzwanzig Jahrhunderte früher im *Timäus* ausdrückte:

Die Vergangenheit und die Zukunft sind Erscheinungsformen der Zeit, die wir unbewusst, aber zu Unrecht ihrem ewigen Wesen zuschreiben. Wir sagen „war", „ist", „wird" sein, aber in Wahrheit kann allein nur „ist" mit Recht verwendet werden.

In diesem Fall gleicht unser Bewusstsein dem einer Fliege, die in einem Staubmopp gefangen über die Oberfläche des Bildes geführt wird. Das ganze Bild ist vorhanden, aber die Fliege kann nur den einen Augenblick der Zeit erleben, in dem sie in unmittelbarer Berührung mit dem Bild kommt, obgleich sie sich hinterher vielleicht an einen Teil des Bildes erinnern und sich sogar vorstellen kann, dass sie dabei mithilft jene Teile des Bildes zu malen, die vor ihr liegen.

Oder man könnte unser Bewusstsein mit dem Gefühl im Finger des Malers vergleichen, während dieser den Pinsel vorwärts über das noch unfertige Bild führt. Dann ist der Eindruck, die noch kommenden Teile des Bildes zu beeinflussen, etwas mehr als eine reine Illusion. Gegenwärtig kann uns die Wissenschaft nur wenig über die Art und Weise erzählen, wie unser Bewusstsein das Bild begreift, sie ist hauptsächlich mit der Natur des Bildes beschäftigt.

Wir haben gesehen, wie der Äther, von dem man früher annahm, er würde das Universum ausfüllen, zu einer Abstraktion, zu einer Metapher des leeren Raumes reduziert wurde. Äther bedeutet damit nichts weiter als die räumlichen

Dimensionen einer Seifenblase, deren Seifenfilm aus Leere besteht. Die Wellen, die nach früheren Vorstellungen diesen Äther durchqueren sollten, sind auch auf wenig mehr als eine Abstraktion reduziert worden: Sie sind wie Runzeln auf einem Blasenquerschnitt zu einem Zeitpunkt.

Diese Eigenschaft der Abstraktheit bei dem, was einmal als materielle „Ätherwellen" angesehen wurde, wiederholt sich in viel schärferer Form, wenn wir uns dem Wellensystem zuwenden, die ein Elektron ausmachen. Der „Äther", der zweckmäßig schien, gewöhnliche Strahlung zu erklären - etwa Sonnenlicht - hat drei Dimensionen im Raum und zusätzlich eine Zeitdimension. So auch der Äther, in dem wir die Wellen beschreiben, die ein einzelnes im Raum isoliertes Elektron darstellen. Das kann oder kann nicht derselbe Äther wie vorher sein, aber er ist ihm ähnlich, wenn er drei Dimensionen des Raumes und eines der Zeit hat. Aber ein einzelnes im Raum isoliertes Elektron führt zu einem vollkommen ereignislosen Universum. Das einfachste vorstellbare Ereignis materieller Art tritt ein, wenn zwei Elektronen aufeinandertreffen. Und um auf einfachst mögliche Weise zu beschreiben, was geschieht, wenn zwei Elektronen aufeinandertreffen, braucht die Wellenmechanik ein Wellensystem in einem Äther mit sieben Dimensionen, sechs Raumdimensionen, drei für jedes Elektron, und einer Zeitdimension. Um eine Wechselwirkung von drei Elektronen zu beschreiben, brauchen wir einen Äther von zehn Dimensionen, neun Raumdimensionen (wieder drei für jedes Elektron) und eine der Zeit. Gäbe es nicht diese letzte Dimension der Zeit, die alle anderen zusammen bindet, würden die verschiedenen Elektronen alle in getrennten, nicht kommunizierenden dreidimensionalen Räumen existieren.

Ich denke, dass die meisten Physiker darin übereinstimmen, dass der siebendimensionale Raum, in dem die Wellenmechanik das Treffen zweier Elektronen verbildlicht, rein fiktiv ist, weshalb die Wellen, die die Elektronen begleiten, auch als fiktiv angesehen werden müssen. So sagt Professor Schrödinger über den siebendimensionalen Raum, dass er zwar einen ganz bestimmten physikalische Sinn habe, aber man nicht sehr gut sagen kann, dass er „existiert". Daher kann auch eine Wellenbewegung in diesem Raum nicht im gewöhnlichen Sinn des Wortes „existieren". Die Wellenmechanik liefert nur eine adäquate mathematische Beschreibung dessen, was passiert. Es mag sein, dass auch im Fall eines einzigen Elektrons die Wellenbewegung nicht in einem zu wörtlichen Sinn „existiert", obwohl der Konfigurationsraum in diesem besonders einfachen Fall mit dem gewöhnlichen Raum übereinstimmt.

Dennoch ist schwerlich einzusehen, wie wir dem einen Wellensystem einen geringeren Realitätsgrad zuschreiben können als dem anderen. Es ist absurd zu sagen, dass die Wellen eines Elektrons real sind, während die von zwei Elektronen fiktiv sind. Aber die Wellen eines einzelnen Elektrons sind real genug, um sich auf einer fotografischen Platte aufzuzeichnen und die Muster in Tafel II (S. 59) zu produzieren. Wir können die vollständige Konsistenz nur dann wiederherstellen, wenn wir annehmen, dass alle Wellen, die von zwei Elektronen, die eines Elektrons und die Wellen auf Professor Thomsons fotografischer Platte, denselben Grad an Realität oder Unwirklichkeit haben.

Einige Physiker begegnen dieser Situation, indem sie die Elektronenwellen als Wahrscheinlichkeitswellen betrachten. Wenn wir von einer Flutwelle sprechen, meinen wir eine materielle Welle aus Wasser, die alles auf ihrem Weg durchnässt. Wenn wir von einer Hitzewelle sprechen, meinen wir etwas, das, wenn auch nicht materiell, alles auf ihrem Weg erwärmt. Aber wenn die Abendnachrichten von einer Selbstmordwelle sprechen, bedeutet das nicht, dass jeder Mensch auf dem Weg der Welle Selbstmord begehen wird. Sie meinen nur, dass die Wahrscheinlichkeit, dass er dies tut, sich erhöht. Wenn eine Selbstmordwelle über London geht, steigt die Selbstmord-Todesrate an, wenn sie über Robinson Crusoes Insel geht, erhöht sich die Wahrscheinlichkeit, dass der alleinige Bewohner sich selbst umbringen wird. Wahrscheinlichkeitswellen, die ein Elektron repräsentieren, erhöhen die Wahrscheinlichkeit für bestimmte Punkte des Kontinuums, das Elektron an einem dieser Punkte vorzufinden.

So misst die Wellenintensität an jedem Punkt auf der Platte von Prof. Thomson (Abb. 2 und 3, Tafel II) die Wahrscheinlichkeit, dass ein einziges gebeugtes Elektron die Platte an dieser Stelle trifft. Wenn eine ganze Menge von Elektronen gebeugt wird, ist die Gesamtzahl, die jede Stelle trifft, natürlich proportional zur Wahrscheinlichkeit, dass jedes Einzelne die Stelle trifft, sodass die Belichtung der Platte ein Maß für die Wahrscheinlichkeit pro Elektron ergibt.

All dies steht im Einklang mit Heisenbergs „Unbestimmtheitsprinzip", nach dem es unmöglich ist zu sagen, dass sich ein Elektron hier genau an dieser Stelle befindet und sich exakt mit soundso viel Kilometern pro Stunde bewegt. Wir können nur sagen, dass es wahrscheinlich so ist.

Dirac fand es nötig, diese Unbestimmtheit und Unsicherheit des Wissens auf die gesamte Atomphysik auszudehnen. Er schrieb:

Wenn eine Beobachtung an irgendeinem Atomsystem ... in einem gegebenen Zustand erfolgt, wird das Ergebnis im Allgemeinen nicht bestimmt sein, d. h. wenn man das Experiment mehrmals unter identischen Bedingungen wiederholt, können sich verschiedene Resultate ergeben. Wenn man das Experiment sehr häufig wiederholt, wird man feststellen, dass jedes einzelne Ergebnis zu einem bestimmten Bruchteil zum summarischen Ergebnis der Versuche beiträgt, sodass man sagen kann, dass eine bestimmte Wahrscheinlichkeit existiert, die man jedes Mal erhält, wenn man die Experimente durchführt. Die Theorie erlaubt es uns, diese Wahrscheinlichkeit zu berechnen. In besonderen Fällen kann die Wahrscheinlichkeit gleich eins (100 %) sein, und dann ist das Ergebnis des Experiments vollständig bestimmt.

Heisenberg und Bohr haben vorgeschlagen, dass man Elektronenwellen nur als eine Art symbolische Darstellung unseres Wissens über den wahrscheinlichen Zustand und die Lage eines Elektrons ansehen darf. So dürfen wir uns die Wellen nicht als etwas vorstellen, das in Raum und Zeit lokalisiert werden kann. Sie sind bloße Visualisierungen einer mathematischen Formel, die etwas Wellenförmiges von völlig abstrakter Natur beschreibt.

Eine noch drastischere Möglichkeit, die einem Vorschlag von Bohr entspringt, ist, dass die kleinsten Naturphänomene im Raum-Zeit-Rahmen überhaupt keine Verkörperung zulassen. Nach dieser Ansicht eignet sich das vierdimensionale Kontinuum der Relativitätstheorie nur für einige der Naturphänomene als Rahmen, darunter Phänomene großen Maßstabs und Strahlung im freien Raum. Andere Phänomene können nur außerhalb des Kontinuums veranschaulicht werden. Wir haben z. B. schon vorsichtig das Bewusstsein als etwas außerhalb des Kontinuums liegendes beschrieben. Weiter haben wir angesprochen, dass das Zusammentreffen zweier Elektronen am einfachsten in sieben Dimensionen veranschaulicht werden kann.

Es ist sogar denkbar, dass Geschehnisse die ganz außerhalb des Kontinuums liegen, das bestimmen, was wir als den „Lauf der Ereignisse" im Kontinuum bezeichnen, und dass die Unbestimmtheit der Natur aus unserem Versuch hervorgeht, Geschehnisse, die sich in höheren Dimensionen ereignen, als Wirkungen in einer kleineren Anzahl an Dimension zu interpretieren.

Man stelle sich zum Beispiel ein Wettrennen unter blinden Würmern vor, deren Wahrnehmungen auf die zwei Dimensionen der Oberfläche des Bodens beschränkt wären. Hin und wieder würden Stellen auf dem Boden sporadisch nass werden. Wir, deren Fähigkeiten sich auf drei Raumdimensionen erstrecken, nennen das Phänomen einen Regenschauer und wissen, dass Ereignisse in den drei Raumdimension, absolut und eindeutig die Ursache dafür sind, welche Flecken auf den zwei Bodendimensionen nass werden und welche trocken bleiben.

Wenn aber die Würmer, die sich der Existenz der dritten Dimension des Raumes nicht bewusst sind, versuchten, die ganze Natur in ihren zweidimensionalen Rahmen zu pressen, so würden sie keine Ursachen für die Verteilung von nassen und trockenen Flecken entdecken können. Die Wurmwissenschaftler wären nur in der Lage, die Nässe und Trockenheit von kleinen Erdstückchen in Bezug auf Wahrscheinlichkeiten zu besprechen, und würden versucht sein diese als letzte Wahrheit zu behandeln.

Obwohl die Zeit noch nicht reif für eine Entscheidung ist, scheint mir persönlich dies als die vielversprechendste Interpretation der Situation. So wie die Schatten an einer Wand die Projektion einer dreidimensionalen Realität auf zwei Dimensionen sind, so sind die Phänomene des Raum-Zeit-Kontinuums vierdimensionale Projektionen von Realitäten, die mehr als vier Dimensionen einnehmen, sodass Ereignisse in Zeit und Raum ...

„... nichts anderes sind, als eine bewegliche Reihe wunderbarer Schattenformen, die kommen und gehen".“

Man wird vielleicht dagegen einwenden, dass wir der Wellenmechanik zu viel Aufmerksamkeit geschenkt haben, die ja doch nur ein mathematisches Bild ist, wo wohl unzählige andere mathematische Bilder gleich gute Dienste leisten und zu ganz anderen Schlussfolgerungen führen könnten.

Es ist wahr, dass das Bild der Wellenmechanik keinen Anspruch auf Einzigartigkeit erheben kann. Es gibt auch andere Systeme, besonders die von Heisenberg und Dirac. Doch in der Hauptsache sagen diese nur das Gleiche in anderen und häufig komplizierteren Worten. Kein anderes System, das je entworfen wurde, erklärt die Dinge so einfach oder scheint der Natur so nahe zu sein, wie die Wellenmechanik von Broglie und Schrödinger. Fotografien wie jene auf Tafel II zeugen davon, dass Wellen von bestimmter Länge irgendwie fundamental im Schema der Natur verankert sind. Diese Wellen bilden das Grundkonzept der Wellenmechanik, erscheinen aber in anderen Systemen als ziemlich weit hergeholte Nebenprodukte. Auch wegen der ihnen innewohnenden Einfachheit hat die Wellenmechanik die Fähigkeit, weit tiefer in die Geheimnisse der Natur einzudringen, als jedes andere System, sodass andere Systeme bereits etwas in den Hintergrund treten. Um unsere Metapher abzuwandeln: Die Wellenmechanik hat als Gerüst einem wertvollen Zweck gedient, aber es scheint nur wenig Neigung vorhanden zu sein, sie zu erweitern.

Wenn wir uns also auf ein Bild konzentrieren wollen, so scheint es gerechtfertigt zu sein, das von der Wellenmechanik gelieferte zu wählen, obwohl tatsächlich auch das System von Heisenberg oder das von Dirac zu demselben Schluss führen würde. Das Wesentliche ist, dass alle Bilder, die die Wissenschaft gegenwärtig von der Natur zeichnet und die allein durch beobachtbare Fakten bestätigt werden können, mathematische Bilder sind.

Die meisten Wissenschaftler würden zustimmen, dass sie nichts weiter sind als Bilder - Fiktionen, wenn man will, wenn das Wort Fiktion bedeutet, dass die Wissenschaft noch nicht mit der ultimativen Realität in Berührung gekommen ist. Viele werden der Ansicht sein, dass von einem umfassenden philosophischen Standpunkt aus, die auffallendste Erkenntnis der Physik des 20. Jahrhunderts nicht die Relativitätstheorie ist mit ihrem Zusammenschweißen von Raum und Zeit oder die Quantentheorie mit ihrer Negation der Gesetze der klassischen Kausalität oder die Spaltung des Atoms mit der daraus resultierenden Entdeckung, dass die Dinge nicht das sind, was sie scheinen, sondern dass wir noch nicht zur ultimativen Realität vorgedrungen sind. Um in Platons bekanntem Gleichnis zu sprechen, sind wir immer noch in unserer Höhle gefangen, mit unserem Rücken zum Licht und können nur die Schatten an der Wand sehen. Gegenwärtig ist die einzige unmittelbar vor der Wissenschaft liegende Aufgabe, diese Schatten zu studieren, sie zu klassifizieren, und sie auf die einfachste Weise zu erklären. Und was wir in einem ganzen Strom überraschender neuer Erkenntnisse finden, ist, dass der Weg, der sie klarer, vollständiger und natürlicher als jeder andere erklärt, der mathematische Weg ist, der Erklärungen in Form von mathematischen Begriffen liefert. Etwas anders als Galilei es sich vorgestellt hat, ist es wahr, dass „das große Buch der Natur in mathematischer Sprache geschrieben ist." Es ist sogar so wahr, dass niemand außer einem Mathematiker jemals hoffen kann, die Zweige der Wissenschaft ganz zu verstehen, die versuchen, die Grundlagen des Universums - die Relativitätstheorie, die Quantentheorie und die Wellenmechanik zu enträtseln.

Die Schatten, die die Wirklichkeit an die Wand unserer Höhle wirft, könnten a priori vielerlei Art gewesen sein. Sie hätten für uns vielleicht völlig bedeutungslos sein können, so bedeutungslos wie ein Lehrfilm, der das Wachstum mikroskopischer Gewebe zeigt, für einen Hund wäre, der sich versehentlich in einen Hörsaal verirrt hätte. In der Tat ist unsere Erde so unendlich winzig im Vergleich zum ganzen Universum. Für uns, die wir soweit wir wissen die einzigen denkenden Wesen, in unserem Teil des Universums sind, sind alle Erscheinungen so zufällig, so weit entfernt vom Hauptschema des Universums, dass es a priori allzu wahrscheinlich ist, dass irgendeine Bedeutung, die das Universum als Ganzes haben mag, unsere irdische Erfahrung weit übersteigen würde, und so für uns völlig unverständlich wäre. In diesem Fall hätten wir keinen sicheren Stand, von dem aus wir die Erforschung der wahren Bedeutung des Universums beginnen könnten.

Obwohl dies der wahrscheinlichste Fall ist, ist es nicht unmöglich, dass einige der Schatten, die auf die Wände unserer Höhle geworfen werden, Gegenstände und Vorgänge nahelegen könnten, mit denen wir Höhlenbewohner bereits in unseren Höhlen vertraut wären. Der Schatten eines fallenden Körpers verhält sich wie ein fallender Körper, und würde uns an Körper erinnern, die wir selbst fallen gelassen hätten. Wir würden versucht sein, solche Schatten mechanisch zu interpretieren. Das erklärt die mechanische Physik des 19. Jahrhunderts. Die Schatten erinnerten unsere wissenschaftlichen Vorgänger an das Verhalten von Gelees, Kreiseln, Schubstangen und Zahnrädern, sodass sie, die den Schatten mit der Substanz verwechselten, glaubten, sie würden vor sich ein Universum aus Gelees und mechanischen Vorrichtungen sehen. Wir wissen jetzt, dass die Interpretation auffallend unzulänglich ist: Sie erklärt nicht einmal die einfachsten Phänomene, die Ausbreitung eines Sonnenstrahls, die Zusammensetzung der Strahlung, den Fall eines Apfels oder den Wirbel der Elektronen im Atom.

Der Schatten eines Schachspiels, der von den handelnden Personen im Sonnenlicht gespielt würde, würde wiederum an die Schachspiele erinnern, die wir in unserer Höhle gespielt hätten. Ab und zu können wir Springerbewegungen erkennen oder Türme beobachten, die sich gleichzeitig mit Königen und Königinnen bewegen, oder wir können andere charakteristische Bewegungen unterscheiden, die jenen so ähnlich sind, die wir selbst gewohnt waren zu spielen, sodass sie nicht dem Zufall zugeschrieben werden können. Wir würden uns die äußere Realität nicht mehr als Maschine vorstellen. Die Einzelheiten ihrer Vorgänge könnten mechanisch sein, aber im Grunde wäre es eine vom Denken beherrschte Realität. Wir würden die Schachspieler im Sonnenlicht als Wesen erkennen, die vom Geist wie unserem eigenen regiert werden. Wir würden das Gegenstück zu unseren eigenen Gedanken in der Realität finden, die für unsere direkte Beobachtung immer unzugänglich wäre.

Und wenn die Wissenschaftler die Welt der Phänomene studieren, so finden sie die Schatten, die die Natur auf die Wand unserer Höhle wirft, nicht gänzlich unverständlich, und sie scheinen auch keine unbekannten Gegenstände darzustellen. Vielmehr scheint mir, wir können Schachspieler draußen im Sonnenschein erkennen, die mit jenen Spielregeln sehr gut vertraut sind, *wie wir sie in unserer Höhle formuliert haben.*

Um unsere Metapher fallen zu lassen, scheint die Natur mit den Regeln der reinen Mathematik sehr vertraut zu sein, wie sie unsere Mathematiker erst in ihrem Studium aus ihrem eigenen inneren Bewusstsein heraus formuliert haben, ohne nennenswert auf Außenwelterfahrungen zurückzugreifen. Mit der „reinen Mathematik" sind jene Abteilungen der Mathematik gemeint, die von der Vernunft geschaffene Schöpfungen des abstrakten Denkens behandeln und nur in ihrer eigenen Sphäre wirken, im Gegensatz zu der „angewandten Mathematik", die über die äußere Welt nachdenkt, nachdem sie zuerst eine Information der äußeren Welt zum Ausgang genommen hat. Descartes, der sich nach einem Beispiel des durch Beobachtung unberührten Produkts abstrakten Denkens (Rationalismus) umsah, wählte die Tatsache, dass die Summe der drei Winkel eines Dreiecks zwangsläufig gleich zwei rechten Winkeln ist. Das Beispiel war, wie wir jetzt wissen, eine seltsam unglückliche Wahl. Andere Beispiele, die weit weniger angreifbar wären, hätte er leicht finden können, wie die Wahrscheinlichkeitsgesetze oder die Regeln zur Behandlung „imaginärer" Zahlen (d. h. Zahlen, die die Quadratwurzeln negativer Größen sind) oder die multidimensionale Geometrie. Alle diese Zweige der Mathematik wurden ursprünglich von Mathematikern in Ausdrücken des abstrakten Denkens entwickelt, die durch den Kontakt mit der Außenwelt praktisch unbeeinflusst war und nichts aus der Erfahrung enthielt. Sie formten ...

... eine unabhängige Welt
geschaffen aus allen „Informationsarten mit
einem Satz Regeln" [5]

---

[5] **Anm. d. Übers.:** Es handelt sich um eine freie Übersetzung des englischen Ausdrucks „pure intelligence" die passender erscheint, da Mathematik eine Wissenschaft ist, die durch logische Definitionen selbstgeschaffene S t r u k t u r e n mittels den Regeln der Logik auf ihre Eigenschaften und Muster untersucht. Die Strukturen können sowohl I n f o r m a t i o n e n als auch Algorithmen, R e g e l n, Systeme usw. sein. Siehe auch Fußnote auf Seite 183

Und nun stellt sich heraus, dass das Schattenspiel, das wir als den Fall eines Apfels auf den Boden beschreiben, die Ebbe und Flut der Gezeiten, die Bewegung der Elektronen im Atom, von Akteuren hervorgebracht wird, die mit diesen rein mathematischen Konzepten sehr vertraut zu sein scheinen - mit unseren Regeln Schach zu spielen, die wir formulierten, lange bevor wir entdeckten, dass die Schatten an der Wand auch Schach spielten.

Wenn wir versuchen, hinter den Schatten die Natur der Realität zu entdecken, sind wir mit der Tatsache konfrontiert, dass alle Diskussionen über die endgültige Natur der Dinge notwendigerweise unfruchtbar bleiben müssen, wenn wir nicht irgendwelche außerhalb liegende Maßstäbe haben, mit denen wir sie vergleichen können. Aus diesem Grund liegt, um Lockes Phrase zu gebrauchen, „das wahre Wesen der Dinge" für immer jenseits menschlicher Erkenntnis. Wir können nur Fortschritte machen, indem wir die Gesetze erörtern, die die Zustandsänderungen der Dinge beherrschen und so die Phänomene der Außenwelt erzeugen. Diese können wir mit den abstrakten Schöpfungen unseres eigenen Geistes vergleichen.

Zum Beispiel würde ein tauber Ingenieur, der das Spiel eines Klaviers studiert, dieses zuerst als Funktion einer Maschine interpretieren, würde jedoch durch die kontinuierliche Wiederholung der Intervalle 1, 5, 8, 13 in den

Bewegungen der Hämmer stutzig werden. Ein tauber Musiker würde, obwohl er nichts hören könnte, diese Abfolge von Zahlen sofort als die Intervalle des Dreiklangs erkennen, während weniger häufig vorkommende Wiederholungen ihn an andere musikalische Akkorde erinnern würden. Auf diese Weise würde er eine Verwandtschaft zwischen seinen eigenen Gedanken und den Gedanken erkennen, die zur Herstellung des Klaviers geführt hatten. Er würde sagen, dass es durch den Gedanken eines Musikers entstanden sei. In gleicher Weise hat die wissenschaftliche Erforschung der Vorgänge im Universum eine Schlussfolgerung nahegelegt, die, weil wir keine Sprache beherrschen, die anderes als unsere irdischen Konzepte und Erfahrungen ausdrückt, nur sehr primitiv und ziemlich unzureichend zusammengefasst werden kann, dass das Universum aus allen Informationsarten und den Regeln eines mathematischen Denkvorgangs hervorgegangen zu sein scheint.

Von dieser Aussage kann man aus zwei Gründen kaum hoffen, dass sie der Ablehnung entkommt. Zuerst kann man dagegen einwenden, dass wir die Natur bloß nach unseren vorgefassten Ideen formen. Der Musiker, so heißt es, kann so von Musik besessen sein, dass er jeden Mechanismus als Musikinstrument interpretieren würde. Die Angewohnheit, von allen Intervallen zu denken, sie seien musikalische Intervalle, kann in ihm so tief verwurzelt sein, dass er, wenn er die Treppe herunter fiele und auf die Stufen mit den Nummern 1, 5, 8 und 13 stieße, Musik in seinem Sturz sehen würde. Ebenso kann ein kubistischer Maler in der unbeschreiblichen Vielfalt der Natur nichts als Würfel sehen - und die Unwirklichkeit seiner Bilder zeigt, wie weit er vom Verständnis der Natur entfernt ist. Seine kubistischen Brillengläser sind bloße Scheuklappen, die verhindern, dass er mehr als einen winzigen Bruchteil der großen Welt um sich herum sieht. So kann man sich vorstellen, dass der Mathematiker die Natur nur durch die mathematischen Scheuklappen sieht, die er für sich selbst gestaltet hat.

Ein Moment des Nachdenkens wird zeigen, dass dies kaum die ganze Geschichte sein kann. Unsere fernen Vorfahren versuchten, die Natur in Bezug auf anthropomorphe Vorstellungen eigener Schöpfung zu interpretieren, und scheiterten. Die Bemühungen unserer näheren Vorfahren, die Natur mechanisch zu interpretieren, erwiesen sich ebenfalls als unzureichend. Die Natur hat sich geweigert, sich einer dieser künstlichen Formen anzupassen. Auf der anderen Seite haben sich unsere Bemühungen, die Natur mit der Ausdrucksweise der abstrakten Mathematik zu erklären, bislang als brillant erfolgreich erwiesen. Jetzt ist wohl unbestreitbar, dass die Natur als Ganzes mit den Begriffen der abstrakten Mathematik irgendwie stärker verbunden ist als mit denen der Biologie oder der Mechanik, und selbst wenn die mathematische Interpretation nur eine dritte künstliche Form ist, so ist sie wenigstens eine, die zur Natur unvergleichlich besser passt, als die beiden vorher ausprobierten.

Ende des 19. Jahrhunderts, als man viel über das Problem der Kommunikation mit dem Mars diskutierte, wollte man die vermeintlichen Marsmenschen benachrichtigen, dass auf dem Planeten Erde denkende Wesen existierten, aber die Schwierigkeit war, eine Sprache zu finden die von beiden Parteien verstanden wird. Man empfahl die abstrakte Mathematik als die am besten geeignete Sprache, zudem schlug man vor, mit Ketten von Signalfeuern in der Sahara ein Diagramm darzustellen, das den berühmten Satz von Pythagoras veranschaulicht, der besagt, dass die Summe der Quadrate über den beiden kleineren Seiten eines rechtwinkligen Dreiecks zusammen gleich dem Quadrat über der größten Seite entspricht. Für die meisten Marsbewohner würden solche Signale keinen Sinn vermitteln, aber man argumentierte, dass Mathematiker auf dem Mars, wenn solche existierten, diese sicherlich als das Werk irdischer Mathematiker erkennen würden. Dabei wären sie sicher nicht dem Vorwurf ausgesetzt, dass sie Mathematik in allem sehen würden. Und so ist es *mutatis mutandis* (lat.: Unter Berücksichtigung der notwendigen Änderungen) mit den Signalen aus der äußeren Welt der Wirklichkeit, die wir als Schatten an den

Wänden der Höhle sehen, in die wir eingesperrt sind. Wir haben bereits missfällig die Möglichkeit verworfen, dass das Universum von einem Biologen oder einem Mechaniker geplant worden sein könnte. Aus dem intrinsischen Beweis des Universums beginnt sich nun seine Architektur als abstrakte mathematische Struktur zu zeigen.

Zweitens kann unsere Aussage mit der Begründung angefochten werden, dass es keine absolut scharfe Abgrenzung zwischen abstrakter und angewandter Mathematik gibt. Es wäre natürlich nichts bewiesen, wenn man nur herausgefunden hätte, dass die Natur nur nach den Begriffen der angewandten Mathematik handelt. Diese Begriffe wurden bewusst von den Menschen entworfen, um sie speziell an die Arbeitsweise der Natur anzupassen. Und man kann dagegen einwenden, dass auch unsere abstrakte Mathematik in Wirklichkeit nicht eine Schöpfung unseres eigenen Geistes darstellt, sondern eine Leistung, die auf vergessenen oder unterbewussten Erinnerungen beruht, das Wirken der Natur zu verstehen. Wenn es so ist, ist es nicht verwunderlich, dass man findet, die Natur arbeite nach den Gesetzen der abstrakten Mathematik. Man kann natürlich nicht leugnen, dass einige der Begriffe, mit denen die abstrakte Mathematik arbeitet, direkt aus unserer Naturerfahrung entnommen wurden. Ein offensichtlicher Fall ist der Begriff der Menge, aber dieser ist so fundamental, dass man sich schwerlich irgendein Schema der Natur vorstellen kann, aus dem er völlig ausgeschlossen ist. Andere Vorstellungen machen zumindest bei der Erfahrung Anleihen, zum Beispiel die multidimensionale Geometrie, die eindeutig aus der Erfahrung der drei Dimensionen des Raumes entstand. Wenn aber die komplizierteren Begriffe der reinen Mathematik aus dem Wirken der Natur übernommen worden sind, so müssen sie in unserem Unterbewusstsein sehr tief verwurzelt sein. Diese umstrittene Möglichkeit ist eine, die man nicht völlig von der Hand weisen kann, aber auf jeden Fall kann man kaum bestreiten, dass die Natur und unser bewusster mathematischer Geist nach denselben Gesetzen arbeiten. Die Natur richtet ihr Verhalten sozusagen nicht nach unseren Launen und Leidenschaften aus oder passt es gezwungenermaßen unseren Muskeln und Gelenken an, sondern unseren Denkweisen. Das bleibt richtig, ob nun unser Geist seine Gesetze der Natur aufdrückt, oder diese ihre Gesetze uns und bietet eine hinreichende Rechtfertigung dafür, dass wir uns die Architektur des Universums als mathematische Struktur vorstellen.

Persönlich denke ich, dass man diesen Gedankengang sehr vorsichtig ein Stück weiterführen kann, obwohl es schwierig ist, ihn in exakten Worten auszudrücken, weil unser alltägliches Vokabular durch unsere Alltagserfahrung begrenzt wird. Der zur Erde gehörende reine Mathematiker beschäftigt sich nicht mit materieller Substanz, sondern mit reinem Denken. Seine Schöpfungen sind nicht nur durch den informationsverarbeitenden Prozess geschaffen, den wir in der Alltagssprache Denken nennen, sondern bestehen aus Gedanken, so wie die Kreationen des Ingenieurs aus Motoren bestehen. Gedanken sind in der Sprache des Mathematikers Dinge, die er Informationen, Definitionen, Algorithmen, Prozesse, Regeln, Formeln, Funktionen oder Systeme nennt. Des Weiteren die Begriffe, die sich nun als wesentlich für unser Naturverständnis erweisen - ein Raum, der endlich ist; ein Raum, der leer ist, sodass sich ein Punkt vom anderen nur in den Eigenschaften des Raumes selbst unterscheidet; vierdimensionale, sieben und mehr dimensionale Räume; ein Raum, der sich ständig ausdehnt, eine Folge von Ereignissen, die den Gesetzen der Wahrscheinlichkeit anstelle des Kausalitätsgesetzes folgen - oder alternativ eine Folge von Ereignissen, die nur vollständig und konsequent außerhalb von Raum und Zeit beschrieben werden können - alle diese Vorstellungen scheinen mir Produkte des reinen Denkens zu sein, unmöglich sie in irgendeinem Sinne aus Materialien anzufertigen. Zu diesen würde ich noch weitere Konzepte mehr technischer Art hinzufügen, die durch das „Äquivalenzprinzip" und eine Art „Fernwirkung" in Raum und Zeit charakterisiert sind. Bei der Fernwirkung scheint es so, als ob jedes Stückchen Universum wüsste was andere entfernte Stückchen tun würden und handelten entsprechend. Meiner Meinung nach erinnern die fundamentalen Gesetze der Natur weniger an jene, nach denen die Mechanik einer Maschine funktioniert, sondern mehr jenen, denen ein Musiker beim Schreiben einer Fuge oder ein Dichter beim Komponieren eines Sonetts gehorcht. Die Bewegungen der Elektronen und Atome ähneln nicht so sehr den Bewegungen der Teile einer Lokomotive als vielmehr denen der Tänzer in einem Gesellschaftstanz. Auch wenn das „wahre Wesen der Dinge" für immer unerkennbar sein wird, spielt es doch keine Rolle, ob der Gesellschaftstanz auf einem Ball im wirklichen Leben oder auf einer Kinoleinwand oder in einer Geschichte von Boccaccio getanzt wird. Wenn die Verhältnisse alle so sind, dann kann man sich das Universum, wenn auch unvollständig und unzureichend, am besten so vorstellen, dass es aus Gedanken besteht oder in den Worten, die ein Mathematiker verwenden würde: Das Universum besteht aus Informationen und zugehörigen informationsverarbeitenden Prozessen. Sollte das Universum zudem einen Baumeister haben, so müsste man diesen als Mathematiker (Anm. d. Übers.: oder Informatiker) bezeichnen.

In der pompösen und sonoren Ausdrucksweise eines vergangenen Zeitalters fasste Bischof Berkeley seine Philosophie in den Worten zusammen:

Ohne den menschlichen Geist sind alle Chöre des Himmels und der der Erde, in einem Wort alle jene Körper, die den mächtigen Rahmen der Welt bilden, substanzlos. Solange sie nicht wirklich von mir wahrgenommen oder nicht in meinem Verstand oder einem anderen erschaffenen Geist existieren, existieren sie entweder überhaupt nicht oder bestehen nur im Geist eines Ewigen Geistes.

Die moderne Wissenschaft scheint mir, auf einem ganz anderen Weg, zu einer nicht ganz unähnlichen Schlussfolgerung zu führen. Wegen unserer unterschiedlichen Vorgehensweise haben wir die letzte der drei Alternativen zuerst erreicht, und die anderen erscheinen im Vergleich zu den Ergebnissen unbedeutend. Es spielt keine Rolle, ob Gegenstände in meinem Kopf oder in irgendeinem anderen geschaffenen Geist existieren oder nicht. Ihre Objektivität geht aus ihrer Existenz „im Geist eines ewigen Geistes" hervor.

Dies könnte nahelegen, wir würden beabsichtigen den Realismus vollständig zu verwerfen und einen absoluten Idealismus an seiner Stelle treten lassen. Doch das, so denke ich, wäre eine zu grobe Darstellung der Situation. Wenn es wahr ist, dass das „wirkliche Wesen der Dinge" jenseits unserer Erkenntnismöglichkeiten liegt, dann wird die Abgrenzung zwischen Realismus und Idealismus sehr unscharf. Sie ist wenig mehr als eine Reliquie einer vergangenen Zeit, in der die Realität mit dem Mechanismus identisch war. Eine objektive Wirklichkeit existiert, weil bestimmte Dinge mein Bewusstsein und das anderer Menschen in der gleichen Weise beeinflussen, aber wir nehmen etwas an, von dem wir kein Recht haben, es anzunehmen, wenn wir es entweder als „real" oder „ideal" kennzeichnen. Das richtige Etikett ist, glaube ich, „mathematisch", wenn wir uns einig sind, dass darunter der ganze Bereich des Denkens, also alle Informationsarten zusammen mit allen zugehörigen informationsverarbeitenden Prozessen und nicht nur das Studium des professionellen Mathematikers (bzw. Informatikers) zu verstehen ist. Ein solches Etikett sagt aber nichts über das letzte Wesen der Dinge aus, sondern nur sehr pauschal etwas darüber, wie sie sich verhalten.

Das Etikett, das wir ausgewählt haben, verweist die Angelegenheit natürlich nicht in die Kategorie der Halluzination oder Träume. Das materielle Universum bleibt so real wie immer, und diese Feststellung wird, wie ich glaube, durch alle Veränderungen des wissenschaftlichen oder philosophischen Denkens wahr bleiben.

Substanzialität ist ein geistiges Konzept, das die direkte Wirkung von Objekten auf unseren Tastsinn misst. Wir sagen, dass ein Stein oder ein Automobil körperlich ist, während ein Echo oder ein Regenbogen nicht ist. Das ist die gewöhnliche Definition des Wortes, und es wäre eine reine Absurdität, ein Widerspruch, würde man sagen, dass Steine und Kraftfahrzeuge in irgendeiner Weise unkörperlich oder weniger substanziell werden können, weil wir sie jetzt mit mathematischen Formeln, Gedanken (Informationen und informationsverarbeitenden Prozessen) oder Störungen im leeren Raum verbinden, anstatt mit Mengen harter Teilchen. Dr. Johnson soll seine Meinung über Berkeleys Philosophie dadurch zum Ausdruck gebracht haben, dass er seinen Fuß gegen einen Stein stieß und sagte: „Nein, Sir, ich widerlege es so." Dieses kleine Experiment hatte natürlich nicht den geringsten Einfluss auf das philosophische Problem, von dem er behauptete es zu lösen. Es hat nur die Substanzialität der Materie bestätigt. Und obwohl die Wissenschaft fortschreiten kann, müssen Steine immer materielle Körper bleiben, nur weil sie und ihre Klasse den Standard bilden, durch den wir die Eigenschaft der Substanzialität definieren.

Man hat behauptet, dass der Lexikograf die Philosophie Berkeleys wirklich widerlegt hätte, wenn er keinen Stein getreten hätte, sondern einen Hut, in dem ein kleiner Junge heimlich einen Ziegelstein versteckt hätte. Wie Sir Peter Chalmers Mitchell sagt, „das Element der Überraschung genügt als Beleg für die äußere Realität" und „ein zweiter Beleg ist die Beständigkeit der Erinnerung trotz Veränderungen der Außenwelt". Das widerlegt natürlich nur den solipsistischen Irrtum von „all dies ist eine Schöpfung meines eigenen Geistes, und existiert in keinem anderen Geist", aber es ist schwer, irgendetwas im Leben zu tun, das dies nicht widerlegt. Das Argument der Überraschung und der Beständigkeit der Erinnerung ist ohnmächtig gegenüber der Vorstellung eines universellen allumfassenden Geistes, von dem jeder andere Geist ein Teil ist. Jede einzelne Hirnzelle kann nicht mit allen Gedanken vertraut sein, die durch das Gehirn als Ganzes hindurchgehen.

Doch die Tatsache, dass wir keine absolute äußere Norm besitzen, an der man Substanz messen kann, schließt nicht aus, dass zwei Dinge denselben Grad oder verschiedene Grade von Substanzialität haben. Wenn ich meinen Fuß gegen einen Stein in meinen Träumen schlage, werde ich wahrscheinlich mit einem Schmerz im Fuß aufwachen, um zu entdecken, dass der Stein meiner Träume buchstäblich eine Schöpfung meines Geistes von mir allein war, die durch einen Nervenimpuls in meinem Fuß verursacht wurde. Dieser Stein mag die Kategorie der Halluzinationen oder Träume charakterisieren, er ist deutlich weniger substanziell als jener, den Johnson trat. Schöpfungen eines individuellen Geistes müssen vernünftigerweise weniger substanziell genannt werden als Schöpfungen eines Universums. Eine ähnliche Unterscheidung muss zwischen dem Raum, den wir im Traum sehen und dem Raum des täglichen Lebens gemacht werden. Der Letztere ist universeller, realer. Wieder denken wir an jene Gesetze, die den Phänomenen in unseren wachen Stunden entsprechen, den

Naturgesetzen, die als Gesetze des Denkens, also der Information einschließlich den informationsverarbeitenden Prozessen, Gesetze des Universums sind. Die Gleichförmigkeit der Natur verkündet die Selbstkonsistenz dieses Universums.

Diese Auffassung des Universums als Welt der Gedanken (d. h. Informationen usw.)[6] wirft ein neues Licht auf viele der Situationen, in unserer Übersicht der modernen Physik. Wir können nun sehen, wie der Äther d. h. das Kontinuum, in dem alle Ereignisse des Universums stattfinden, sich zu einer mathematischen Abstraktion gewandelt hat, die genauso abstrakt und mathematisch ist, wie Längen- und Breitengrade oder der Äquator. Wir können auch sehen, warum die Energie, die Grundentität des Universums, wieder als eine mathematische Abstraktion behandelt werden musste – nämlich als Konstante bei der Integration einer Differenzialgleichung.

Aus derselben Auffassung folgt natürlich, dass die letzte Wahrheit über ein Phänomen in seiner mathematischen Beschreibung liegt. Solange diese nicht unvollständig ist, ist unser Wissen über das Phänomen vollständig. Über

---

[6] **Anm. d. Übers.:** Immer wenn der Autor anthropomorphe (vermenschlichende Begriffe) für Gegebenheiten der nichtlebenden Natur verwendet hat, wie „Denken" oder „Gedanken" muss man sich darüber im Klaren sein, dass ihm zu seiner Zeit keine anderen Begriffe zur Verfügung standen, um die Gegebenheiten ohne Vermenschlichung zu erklären. Dem Übersetzer der heutigen Zeit stehen Begriffe wie **Information** und **informationsverarbeitende Prozesse** zur Verfügung. Deshalb hat sich der Übersetzer entschlossen, die Vermenschlichung der Natur an manchen Stellen der Übersetzung durch die Einfügung moderner Formulierungen zu neutralisieren.

die mathematische Formel hinaus, gehen wir auf unser eigenes Risiko. Wir können ein Modell oder ein Bild finden, das uns hilft, das Phänomen besser zu verstehen, aber wir haben kein Recht, dies zu erwarten, und unser Versagen, ein solches Modell oder Bild zu finden, muss nicht darauf hinweisen, dass entweder unsere Argumentation oder unser Wissen falsch ist. Die Herstellung von Modellen oder Bildern, um mathematische Formeln und die Phänomene zu erklären, die sie beschreiben, ist kein Schritt in Richtung der Realität, sondern ein Schritt weg von ihr. Und es wäre unvernünftig zu erwarten, dass alle diese verschiedenen Modelle miteinander übereinstimmen, genauso wie man nicht erwarten kann, dass alle Hermes-Statuen, die den Gott in seinen abwechslungsreichen Tätigkeiten darstellen - als Boten, Herold, Musiker, Dieb und so weiter - gleich aussehen. Manche sagen, Hermes ist der Wind. In diesem Fall, sind seine Eigenschaften exakt in der mathematischen Beschreibung enthalten, die nichts anderes als die Bewegungsgleichung eines komprimierbaren Gases ist. Der Mathematiker wird wissen, wie man die verschiedenen Aspekte dieser Gleichung darstellt, die die Vermittlung und Ankündigung von Botschaften, die Schaffung von Musiktönen, das Hinwegblasen unserer Papiere und so weiter darstellen. Er braucht kaum Statuen von Hermes, um ihn an seine Eigenschaften zu erinnern, obgleich er, wenn er sich auf Statuen stützen soll, nichts weniger als eine ganze Reihe unterschiedlicher Darstellungen benötigt. Trotzdem ist der mathematische Physiker immer noch eifrig bei der Arbeit, bildhafte Modelle von den Konzepten der Wellenmechanik anzufertigen.

Kurz gesagt, eine mathematische Formel kann uns nie sagen, was ein Ding ist, nur wie es sich verhält. Sie kann ein Objekt nur durch seine Eigenschaften bestimmen. Und es ist unwahrscheinlich, dass diese mit den Eigenschaften eines einzelnen makroskopischen Objektes unseres Alltags zusammenfallen.

Dieser Standpunkt befreit uns von vielen Schwierigkeiten und scheinbaren Inkonsistenzen der heutigen Physik. Wir brauchen nicht mehr zu diskutieren, ob Licht aus Teilchen oder Wellen besteht. Wir wissen alles, was es zu wissen gibt, wenn wir eine mathematische Formel gefunden haben, die das Verhalten genau beschreibt, und wir können es uns als Teilchen oder Wellen denken, je nachdem wie es für die jeweilige Situation besser passt. In gleicher Weise müssen wir nicht diskutieren, ob das Wellensystem einer Gruppe von Elektronen in einem dreidimensionalen Raum oder in einem vieldimensionalen Raum ist oder gar nicht existiert. Es existiert in einer mathematischen Formel. Diese und nichts anderes, drückt die letzte Wirklichkeit aus, und wir können es uns durch Wellen in drei, sechs oder mehr Dimensionen repräsentiert denken, wann immer es uns geeignet erscheint. Wir brauchen es uns auch gar nicht durch Wellen dargestellt denken. In diesem Fall folgen wir Heisenberg und Dirac. Am einfachsten ist die Darstellung von Wellen in einem Raum mit drei Dimensionen für jedes Elektron, so wie es am einfachsten ist, das makroskopische Universum als eine Reihe von Objekten in nur drei Dimensionen zu interpretieren, und seine Phänomene als eine Reihe von Ereignissen in vier Dimensionen, aber keine dieser Interpretationen besitzt eine alleinige oder absolute Gültigkeit.

Aus dieser Sicht brauchen wir wohl in der Art der fortwährenden Berührung unseres Bewusstseins mit der leeren Seifenblase, die wir Raumzeit nennen kein Geheimnis zu finden, denn die Berührung reduziert sich auf den Kontakt zwischen Geist und seinen Schöpfungen - wie er beim Lesen eines Buches, oder dem Hören von Musik vorkommt. Es ist vermutlich unnötig, hinzuzufügen, dass aus dieser Sicht der Dinge die scheinbare Weite und Leere des Universums und unsere eigene unbedeutende Größe darin bei uns weder Bestürzung hervorzurufen braucht, noch dem irgendeine Bedeutung beizumessen ist. Wir erschrecken nicht über die Größen der Strukturen, die unsere eigenen Gedanken schaffen, noch über jene die sich Andere ausdenken und uns beschreiben. In der Erzählung von du Maurier bauten Peter Ibbetson und die Duchess of Towers fortgesetzt weite Traumpaläste und Traumgärten von immer größeren Ausmaßen, fühlten aber keinen Schrecken über die Größe ihrer geistigen Schöpfungen. Die Unermesslichkeit des Universums führt eher zur Befriedigung als zur Ehrfurcht. Wir sind schließlich keine Bürger im Nirgendwo. Noch müssen wir über die Endlichkeit des Universums stolpern. Über das was jenseits unserer Traumvisionen liegt, machen wir uns keinen Kopf.

Analoges gilt für die Zeit, die wir uns wie den Raum, von begrenzter Ausdehnung vorstellen müssen. Wenn wir den Strom der Zeit zurückverfolgen, begegnen wir vielen Anzeichen dafür, dass wir nach einer ausreichend langen Reise zu ihrer Quelle kommen müssen, einem Beginn der Zeit, vor dem das gegenwärtige Universum nicht existierte. Der Natur missfallen Maschinen, die sich ewig bewegen und es ist a priori sehr unwahrscheinlich, dass das von ihr geschaffene Universum ein Beispiel im großen Maßstab eines solchen Mechanismus ist, den sie verabscheut. Und eine detaillierte Beobachtung der Natur bestätigt dies. Die Wissenschaft der Thermodynamik erklärt, wie alles in der Natur durch einen Prozess, der als „Zunahme der Entropie" bezeichnet wird, in einen endgültigen Zustand übergeht. Die Entropie muss ständig zunehmen: Sie kann nicht stillstehen, bis sie ein Stadium erreicht hat, in der eine weitere Zunahme unmöglich ist. Wenn dieses Stadium erreicht ist, hört jeder Fortschritt auf, und das Universum wird tot sein. So erlaubt sich die Natur, außer im Fall, dass dieser ganze Zweig der Wissenschaft falsch ist, ganz wörtlich nur zwei Alternativen, Fortschritt und Tod: Das einzige Innehalten, das sie erlaubt, ist die Stille des Grabes.

Derzeit hat die Entropie des Universums noch nicht ihr endgültiges Maximum erreicht: Wenn es so wäre, würden wir nicht darüber nachdenken. Sie nimmt immer noch schnell zu, und muss daher einen Anfang gehabt haben. Zu einer nicht unendlich weit entfernten Zeit, muss es das gewesen sein, was man außerhalb der Naturwissenschaft gern als „Schöpfung"[7] bezeichnet.

Wenn das Universum ein Universum des Denkens, also der Information und der informationsverarbeitenden Prozesse ist, dann muss seine Entstehung ebenfalls ein informationsverarbeitender Prozess gewesen sein. In der Tat zwingt uns die Endlichkeit von Zeit und Raum fast, die Schöpfung als einen solchen Prozess darzustellen. Die Bestimmung der Konstanten wie der Radius des Universums und die Anzahl der darin enthaltenen Elektronen implizieren informationsverarbeitende Prozesse, deren enorme Fülle man durch die Unermesslichkeit dieser Größen beurteilen kann.

Zeit und Raum, die den Rahmen des uns bekannten Universums bilden, müssen als Teil dieses Aktes entstanden sein. Die primitive Kosmologie stellte sich einen Schöpfer vor, der in Raum und Zeit arbeitete und Sonne, Mond und Sterne aus dem bereits vorhandenen Roh-

---

[7] **Anm. d. Übers.:** Heute hat sich weitgehend der Begriff „**Urknall**" für diesen Vorgang durchgesetzt.

material schmieden ließ. Die moderne wissenschaftliche Theorie zwingt uns dazu, an einen Vorgang zu denken, der außerhalb von Zeit und Raum arbeitete, da Zeit und Raum erst im Entstehungsakt hinzukamen. Tatsächlich geht diese Idee bis auf Plato zurück:

Die Zeit und der Himmel kamen im selben Augenblick ins Dasein, damit sie, wenn sie jemals verschwinden würden, gemeinsam verschwinden könnten. Das war der Wille und Gedanke Gottes bei der Schöpfung der Zeit.

Und doch verstehen wir die Zeit so wenig, dass wir vielleicht die ganze Zeit mit dem Entstehungsakt, nämlich der Materialisierung von Information gleichsetzen sollten.[8]

Man kann dagegen einwenden, dass unsere ganze Argumentationskette auf der Annahme beruht, dass die gegenwärtige mathematische Interpretation der physikalischen Welt irgendwie einzigartig ist und sich als endgültig erweisen wird. Um unsere Metapher wieder aufzunehmen, kann man sagen, dass es nur eine passende Fiktion ist, die Realität als Schachspiel zu beschreiben. Könnten andere Fiktionen

---

[8] **Anm. d. Übers.:** Im englischen Original lautet der Text: "And yet, so little do we understand time that perhaps we ought to compare the whole of time to the act of creation, the materialization of the thought." Damit sagt der Autor nichts anderes, als dass die Zeit ein Prozess ist, der Information materialisiert. Eine ähnliche Ansicht, die zudem noch durch Formeln unterlegt ist, findet sich in folgendem Buch: *Klaus-Dieter Sedlacek; „Supervereinigung – Wie aus nichts alles entsteht. Ansatz einer großen einheitlichen Feldtheorie.-Neuausgabe"; (2017), ISBN 978-3-7431-4959-5*

die Bewegungen der Schatten gleich gut beschreiben? Die Antwort ist, dass, soweit unser gegenwärtiges Wissen reicht, andere Fiktionen sie nicht so vollständig, so einfach oder so adäquat beschreiben würden. Der Mann, der kein Schach spielt, sagt: „Ein Stück weißes geschnitztes Holz, das einem Pferdekopf gleicht, der auf einem Sockel steckt, wurde von dem untersten vorletzten Quadrat genommen, und zur rechten Ecke hingezogen ..." Und so weiter. Der Schachspieler sagt, „Weiß: g1 – h3", und seine Ausdrucksweise erklärt nicht nur den Umzug vollständig und kurz, sondern bezieht sich auch auf ein größeres Schema der Dinge. Solange unser Wissen unvollständig bleibt, wirkt in der Wissenschaft eine Erklärung umso überzeugender, je einfacher sie ist. Und der Vorteil ist, dass jenseits der bloßen Einfachheit, sie die höchste Wahrscheinlichkeit besitzt, die wahre Erklärung zu sein. Obwohl man sicher zugeben muss, dass die mathematische Erklärung weder endgültig noch möglichst einfach sein kann, so können wir doch ohne Zögern sagen, dass sie die einfachste und vollständigste ist, die man bisher gefunden hat, und dass sie im Verhältnis zu unserer gegenwärtigen Erkenntnis die größte Chance hat, die Erklärung zu sein, die der Wahrheit am Nächsten kommt.

Manche Leser mögen dieser Ansicht nicht zustimmen, weil sie meinen, dass die heutige mathematische Interpretation der Natur sich wahrscheinlich nur als eine Zwischenstation zu einer neuen mechanischen Interpretation erweisen wird. Unser moderner Geist hat, wie ich glaube, eine Neigung für mechanische Interpretationen. Einen Teil kann man wohl auf die klassische wissenschaftliche Sichtweise des 19. Jahrhunderts zurückführen, die außerhalb der Physik immer noch bevorzugt wird; einen Teil vielleicht auf unseren ständigen Gebrauch alltäglicher Gegenstände, die sich mechanisch verhalten. Eine mechanische Erklärung sieht natürlicher aus und wird leicht verstanden. Doch bei völlig objektiver Betrachtung der Situation scheint die herausragende Tatsache zu sein, dass die Mechanik bereits ihr Pulver verschossen hat und auf wissenschaftlichem und philosophischem Gebiet gescheitert ist. Wenn irgendetwas dazu bestimmt ist, die Mathematik zu ersetzen, scheint die Mechanik keine große Chance zu haben, an ihre Stelle zu treten.

Es wird zu oft übersehen, dass wir diese Fragen nur in Bezug auf Wahrscheinlichkeiten besprechen können. Der Naturwissenschaftler ist an den Vorwurf gewöhnt, dass er seine Ansichten die ganze Zeit ändert, mit der damit verbundenen Implikation, dass das, was er sagt, nicht zu ernst genommen werden muss. Man kann ihm nicht zurecht vorwerfen, dass er bei der Erforschung des Wissensflusses gelegentlich in einen Rückstau gerät anstatt im Hauptstrom weiterzugehen. Kein Forscher kann sicher sein, dass es nur ein Rückstau ist, und nichts mehr, bis er nicht am Ende angekommen ist. Was ernster ist, und jenseits der Kontrolle des Forschers liegt, ist, dass der Fluss Windungen hat, jetzt fließt er gen Osten, jetzt nach Westen. In einem Augenblick sagt der Forscher; „Ich gehe stromabwärts, und da ich nach Westen gehe, scheint der Ozean der Realität, höchstwahrscheinlich in westlicher Richtung zu liegen." Und später, wenn der Fluss sich nach Osten gewendet hat, sagt er: „Es sieht jetzt so aus, als ob die Realität im Osten liegt." Kein heutiger Wissenschaftler wird wahrscheinlich den zukünftigen Streckenverlauf oder die Richtung, in der die Realität liegt, dogmatisch festlegen: Er weiß es aus seiner eigenen Erfahrung, wie der Fluss nicht nur immer breiter wird, sondern sich auch immer wieder windet, und nach vielen Enttäuschungen hat er es aufgegeben, an jeder Biegung zu glauben, endlich die Gegenwart der Geräusche und Düfte des unendlichen Meeres zu vernehmen.

Mit dieser Vorsicht im Hinterkopf scheint es zumindest sicher zu sein, dass der Fluss des Wissens seit Beginn des 20. Jahrhunderts eine scharfe Wendung gemacht hat. Um 1900 haben wir noch gedacht oder angenommen, dass wir auf eine ultimative Wirklichkeit mechanischer Art zusteuern. Diese schien aus einem zufälligen Durcheinander von Atomen zu bestehen, die dazu bestimmt waren, eine Zeit lang sinnlose Tänze unter der Wirkung von blinden, zwecklosen Kräften auszuführen, um dann in Ruhe zu verfallen und eine tote Welt zu bilden.

In diese vollständig mechanische Welt, war durch das Spiel der gleichen blinden Kräfte, das Leben per Zufall hineingestolpert. Eine oder mehrere winzige Nischen in diesem aus Atomen bestehenden Universum hatten zufällig irgendwann einmal Bewusstsein erlangt, aber unter der Wirkung der blinden mechanischen Kräfte, war es am Ende dazu bestimmt einzufrieren und eine leblose Welt zu hinterlassen.

Heute gibt es ein weites Maß an Übereinstimmung, das sich auf der physikalischen Seite der Wissenschaft fast einer Einstimmigkeit annähert, dass der Wissensstrom auf eine nichtmechanische Realität hinweist. Das Universum fängt an, mehr wie ein großer Gedanke, als wie eine große Maschine auszusehen. Der Geist scheint nicht mehr ein zufälliger Eindringling im Reich der Materie zu sein. Wir fangen an zu vermuten, dass wir ihn als Schöpfer und Beherrscher des Materiereichs begrüßen sollten - natürlich nicht unseren individuellen Geist, sondern die Information und die informationsverarbeitenden Prozesse, aus denen die Atome entstanden sind, die in unseren individuellen Köpfen als Träger unserer Gedanken heranwuchsen.

Das neue Wissen zwingt uns, unsere voreiligen ersten Eindrücke zu revidieren, dass wir in ein Universum gestolpert waren, das sich entweder nicht um das Leben kümmert oder direkt lebensfeindlich ist. Der alte Dualismus von Geist und Materie, die hauptsächlich für die vermeintliche Feindseligkeit verantwortlich war, wird wahrscheinlich verschwinden, nicht dadurch dass die Materie in irgendeiner Weise schattenhafter oder unkörperlicher sein wird als bisher, oder dadurch dass der Geist zu einer untergeordneten Funktion der Materie wird, sondern dadurch dass sich die substanzielle Materie als eine Schöpfung und Manifestation des Geistes herausstellt. Wir entdecken, dass es im Universum Beweise für Neues schaffende, kontrollierende, mit einem Wort „regelnde Systeme" gibt, die etwas gemeinsam mit unserem eigenen individuellen Geist haben – nicht etwas, soweit wir entdeckt haben, das Emotionen, Moral oder ästhetischer Wertschätzung entspricht, sondern die Tendenz hat, in der Weise zu denken, die wir in Ermangelung eines besseren Wortes, als mathematisch bezeichnen. Und während vieles im Universum gegenüber den materiellen Begleiterscheinungen des Lebens feindlich sein mag, ähnelt auch vieles den grundlegenden Aktivitäten des Lebens. Wir sind nicht so sehr Fremde oder Eindringlinge im Universum, wie wir zuerst dachten. Jene trägen Moleküle im Urschlamm, die als erste begannen, die Merkmale des Lebens zu formen, machten dies mehr und nicht weniger in Übereinstimmung mit dem Grundcharakter des Universums.

Wir haben versucht, das zu besprechen, was die heutige Wissenschaft zu bestimmten schwierigen Fragen, die vielleicht immer über die Reichweite des menschlichen Verständnisses hinausgehen, möglicherweise zu sagen hat. Wir können nicht behaupten, mehr als einen sehr schwachen Lichtschimmer erblickt zu haben; vielleicht war er ganz illusorisch, denn wir mussten unsere Augen sehr stark anstrengen, um überhaupt etwas zu sehen. Vielleicht hat er aber auch schon soweit ausgereicht, dass wir sagen können, die Wissenschaft hat eine Wende in der Erkenntnis unserer Natur aufgezeigt.

Stichwortverzeichnis

Aberration..112
Abstraktion................141f., 145, 157f., 183
Anthropomorphismus............................23
Äquator......................................141f., 183
Äquivalenzprinzip................................177
Äther. 109ff., 117ff., 122ff., 139ff., 144, 146, 157ff., 183
Auge..200
Beugungsmuster.........................65ff., 142
Beugungsphänomen..............................56
Beugungsring..55
Bewegungsenergie..........................73f., 79
biologische Zelle...................................18
Bohr..21, 162
Brace..120
Bragg..61
Broglie..64, 165
Bruggencate..96f.
Cameron..103
Compton..60f., 95
Dauvillier..66
Davisson..66
de Sitter..91f.
Demokrit..70
Dempster..67
Denken.....8, 19, 33f., 141, 169f., 177, 180, 183, 188
Determinismus..............44ff., 49, 51, 54
Dirac.............................47, 161, 165, 186
Diskontinuität......................................35
Doppelsternsysteme............................87
Dualismus..193
Durchdringungskraft....................39, 101f.
Eddington...150
Einstein........35, 41, 79, 82, 89, 91f., 121ff., 132f., 148
Elektrizitätseinheit................................77
Elektrodynamik....................................78
elektromagnetisch. .78, 102, 108, 112, 126, 133, 139, 150
Elektron. .20ff., 34, 40, 43ff., 60ff., 64ff., 77, 79, 81, 95, 98ff., 102, 106, 158ff., 168, 171, 178, 185f., 188

Elektronen......20ff., 34, 40, 46f., 60ff., 64ff., 77, 79, 95, 99f., 102, 106, 158ff., 168, 171, 178, 185, 188
Elektronenmasse..................................77
Energie. .40, 57f., 60, 70, 73ff., 79f., 82, 98, 100f., 104, 140, 143ff., 151, 183
Energieform.............................74, 82, 140
Entropie..187f.
Erhaltung der Energie..............70, 73ff., 80
Erhaltung der Masse........70ff., 74, 76, 79f., 100, 104
Erhaltung der Materie..........70, 74, 80, 104
Erhaltungsgesetz..................69f., 74f., 104
Erklärung..200
Evolutionstheorie..................................39
Faraday.....................78, 81, 112, 139f.
Fernwirkung..................................111, 177
Fitzgerald....................................117f., 129f.
Fitzgerald-Lorentz-Kontraktion............129f.
Fluchtbewegung..............................94, 96f.
freier Wille..49
Fresnel..63
Fusion..............................99ff., 104, 108
Fusionsprozess............................101, 104
Galaxie..102
Galilei...19, 30, 166
Gammastrahlung................................101f.
Gedanken.....34f., 49f., 106, 121, 147, 169, 172, 176ff., 181ff., 186, 193
gemäßigten Zone............................17, 25
Germer..66
Gravitation. .31f., 34, 71, 88, 95, 127, 129f., 147ff.
Gravitationsgesetz......................129f., 147f.
Harkins..77
Heisenberg.............43, 45, 161f., 165, 186
Helium..36
Helmholtz..31
Hubble..92
Humason..92
Huxley..15
Huyghens..112

196

Information 115, 170, 172, 177f., 180f., 183, 188f., 193
Interferenz.................55, 142
Interferenzbänder.................55
Johnson.................181f.
Joule.................74
Kältetod.................25
Kausalität....29, 32f., 42, 49ff., 69, 166, 177
Kelvin.................31
Kikuchi.................66
Kohlenstoff.................18ff.
kondensierte Wellen.................108
Kontinuum....109, 137ff., 146f., 149ff., 153, 161ff., 183
Korpuskulartheorie.................54, 62f.
kosmische Strahlung.................39, 102, 112
Kosmologie.................93, 188
Kraftlinie.................81
Krümmung des Raumes.................88
Kugelsternhaufen.................96
Laue.................61
Lavoisier.................72
Lebedew.................82
Leben.7, 13ff., 32f., 37f., 49, 86f., 98f., 105, 178, 182, 193f.
Lebensalter.................86
Lebenskraft.................18, 20
Lemaitre.................90f.
Licht. 9f., 24f., 32, 35, 38ff., 51ff., 60ff., 72f., 82f., 88, 93ff., 100f., 105, 107f., 112, 115ff., 119, 124, 128, 131, 139, 142, 146, 149, 152f., 166, 183, 185, 195
Lichtgeschwindigkeit.................82f., 107f.
Lichtkörperchen.................52, 55
Lichtquanten.................58
Lichtstrahl.........51ff., 55, 58, 61, 64, 82, 88, 116f., 119, 149
Lichtwellen.......56f., 66, 115, 124, 131, 139
Lorentz.................117ff., 129f.
Lucretius.................70
Magnetismus.................21ff., 128
Masse........13, 41, 66, 70ff., 74ff., 78ff., 82, 98ff., 104, 108, 149
Massenverlust.................100
Materie 15, 19f., 25, 33f., 39, 48, 51, 55, 60, 62, 64, 68ff., 75, 78, 80f., 84f., 88ff., 95f., 99ff., 103ff., 110f., 119, 133, 142, 146, 152f., 181, 193f.
mathematische Abstraktion...142, 145, 183
mathematische Bilder.................164, 166
Maurier.................186
Maxwell.........31, 78, 80ff., 111f., 139, 144
McLennan.................38f.
Meridian.................141f.
Meteorit.................85
Michelson.................115f., 118ff.
Michelson-Morley-Experiment...115f., 119f.
Milchstraßensystem.................96
Millikan.................102f.
Minkowsky.................133, 137, 139, 147
Mitchell.................181
Molekül.........19f., 34, 58, 72f., 76, 84, 194
Morley.................115f., 118ff.
Mosharrafa.................107
Mount Wilson.................93
Naturgesetz..33, 120f., 134, 137, 139, 147, 155, 183, 200
Nebel.................93ff., 102, 123
Neutron.................62, 77f.
Newton......30f., 33f., 51ff., 58, 62ff., 71, 73, 76, 113, 121f., 124, 127, 131, 142, 147ff.
Occam.................131
Perpetuum mobile.................105, 120
Phänomen.................200f.
Philosoph.................200
Photon.................58, 60f., 100ff., 108
Planck.................35, 45f.
Plancksche Konstante.................45
Planetensystem.................16
Platon.................156, 166
Principia.................52, 113, 121, 127
Proton.........62, 64, 66ff., 77, 99f., 102, 106
Prozess.......20, 30, 40, 89, 99f., 104f., 108, 177f., 180f., 183, 187f., 193
Quantenfeld.................140
Quantentheorie 35, 43, 46, 51, 54, 57, 166f.
radioaktive Zerfall.................42, 100
Radioaktivität.................21ff., 46
Radium.................36ff., 41f.
Rationalismus.................170
Raumzeit.................186,
Rayleigh.................120

Realität......110, 130, 138f., 141, 145, 159f., 164, 166, 169, 171, 179, 181, 184, 189, 192f.
Reflexion..........................51ff., 62, 66, 128
Relativitätshypothese..........132, 140, 147f.
Relativitätsprinzip........121, 124, 126, 131f., 137, 147
Relativitätstheorie.....50, 79, 88, 92f., 132f., 135, 139f., 146f., 151, 162, 166f.
Röntgenstrahlen..............39, 61, 101, 112
Rötung..95ff.
Ruhemasse..............................78, 80, 98f.
Rupp..66
Rutherford..38f., 77
Salisbury..109
Schrödinger...............................64, 159, 165
Schwerkraft..................128f., 134, 148, 150
Shapley..85
Silberbromid...72f.
Soddy..38
Spektrallinie..94, 97
Spektrum..57, 101
Spiralnebel..92, 96
Strahlung...14f., 25f., 34f., 38ff., 46, 51, 57, 60ff., 68f., 78, 80ff., 95, 98f., 101ff., 112, 128, 146, 152f., 155, 158, 162, 168
Strahlungsdruck.......................................83
Substanz.17, 20, 27, 36, 41, 71, 141, 150f., 168, 177, 180ff.
Synthese Harnstoff...................................20
Teilchenstrahlung...................................102
Thermodynamik......................26, 105, 187
Thomson......................................66, 76, 160f.
Trägheit..71
Trouton..120
Unbestimmtheitsprinzip....................43, 161
Verminderungsrate..................................42
Wahrscheinlichkeit.....23, 36ff., 47f., 51, 54, 61, 109, 160ff., 164, 170, 177, 190f.
Wärme...14, 25f., 69, 74, 82, 100, 105, 112
Wärmetod...26
Wasserstoffperoxid..........................19, 72f.
Waterston..31
Wellenlänge............58, 60f., 66f., 101, 107
Wellenmechanik.....56, 64, 66f., 106, 158f., 164f., 167, 185
Wellensystem.....63ff., 106, 109, 158f., 185
Weltlinie...153ff.
Weyl..150, 156
Wöhler..20
Young..63, 112
Zeitdimension.......................135, 137, 158
Zufall........................15f., 18, 103, 169, 193
zweckdienlicher Rahmen......................138
Zwicky..95ff.
zyklisches Universum............................105

Naturwissenschaft, Physik und Astronomie

– **Äquivalenz von Information und Energie.** Von: K.-D. Sedlacek

– **Das Gesetz im Zufall:** Wie sich verborgene Gesetzlichkeit manifestiert. Von: Moritz Cantor u. K.-D. Sedlacek (Hrsg.)

– **Der Widerhall des Urknalls:** Spuren einer allumfassenden transzendenten Realität jenseits von Raum und Zeit. Von: K.-D. Sedlacek

– **Einsteins Relativitätstheorie ganz ohne Mathematik.** Spezielle und allgemeine Relativitätstheorie. Von: Prof. Dr. Paul Kirchberger u. K.-D. Sedlacek (Hrsg.)

– **Freizeitvergnügen Sternenhimmel mit bloßem Auge:** Wie man Sternbilder auffindet ohne Instrumente. Von: Prof. Dr. Paul Kirchberger u. K.-D. Sedlacek (Hrsg.)

– **Phänomen Naturgesetze:** Das Geheimnis hinter den Erscheinungen der Welt. Von: K.-D. Sedlacek

– **Supervereinigung:** Wie aus nichts alles entsteht. Von: K.-D. Sedlacek

– **Die Natur psycho-physikalischer Phänomene.** Erforschung telekinetischer Vorgänge. Von: Schrenck-Notzing, A. u. Klaus D Sedlacek (Hrsg.)

– **Giganten der Physik.** Die Top10-Physiker der Menschheitsgeschichte. Von: Klaus-Dieter Sedlacek (Hrsg.)

Chemie

– **Der Stein der Weisen:** Wie die Alchemie zur Chemie wurde. Von: Wilhelm Ostwald et. al. u. K.-D. Sedlacek (Hrsg.)

– **Durchblick Chemie:** Praktische Grundlagen und Einführung in die anorganische, organische und Biochemie. Von: Prof. Dr. Lassar-Cohn, Prof. Dr. W. Löb, K.-D. Sedlacek

Natur- und Philosophie

– **Die letzten Ursachen.** Das Buch der Naturerkenntnis. Von: K.-D. Sedlacek

– **Gebundener Wille:** Wie frei ist menschlicher Wille tatsächlich? Von: K.-D. Sedlacek, G.F. Lipps et. al.

– **Jenseits der Erscheinungen:** Erkennbarkeit und Realität der Quantennatur. Von: Prof. Dr. M. Schlick u. K.-D. Sedlacek (Hrsg.)

– **Kleines Wörterbuch der Natur-Philosophie:** 1200 Begriffe, die man kennen sollte, kurz und prägnant. Von: K.-D. Sedlacek

– **Naturphilosophie:** Das Wesen von Naturgesetzen und die Erklärung des Lebens. Von: Prof. Dr. M. Schlick u. K.-D. Sedlacek (Hrsg.)

– **Vereinbarkeit von Religion und Naturwissenschaft.** Von: Kurd Laßwitz u. K.-D. Sedlacek (Hrsg.)

– **Das Konzept des Guten.** Sinnliches Empfinden – Der Ursprung unserer Wertvorstellungen. Von: Klaus-Dieter Sedlacek (Hrsg.)

– **Ist echte Erkenntnis möglich?** Einführung in die Erkenntnistheorie.

Von: Prof. Dr. Erich Becher u. K.-D. Sedlacek (Hrsg.)

– **Das individuelle Ich**: Was ist der Kern des Selbstbewusstseins? Von: Th. Lipps u. K.-D. Sedlacek (Hrsg.).

– **Persönlichkeit und Unsterblichkeit**: In welcher Form existiert ein Weiterleben nach dem zeitlichen Ende? Von: Wilhelm Ostwald u. K.-D. Sedlacek (Hrsg.)

BEWUSSTSEIN

– **Leben nach dem Leben**: Befreiung des Bewusstseins von den Fesseln der Zeit. Von: K.-D. Sedlacek

– **Quantenbewusstsein**. Von: N. Wrobel u. K.-D. Sedlacek

– **Synthetisches Bewusstsein**. Von: K.-D. Sedlacek

– **Unsterbliches Bewusstsein**: Raumzeit-Phänomene, Beweise und Visionen. Von: K.-D. Sedlacek

LEBEN UND MEDIZIN

– **Leben aus Quantenstaub**. Von: N. Wrobel u. K.-D. Sedlacek,

– **Was ist Krankheit?** Von: N. Wrobel u. K.-D. Sedlacek

– **Bewusstsein und Unsterblichkeit**. Von: C. L. Schleich u. K.-D. Sedlacek (Hrsg.)

– **Die Lebenskraft**: Wie Enzyme, Bewusstsein und quantenbiologische Effekte das Leben regulieren. Von: K.-D. Sedlacek u. N. Wrobel,

– **Die verborgene Ordnung des Weltsystems**. Neue Erkenntnisse über die schöpferischen Kräfte der Natur. Von: Dr. h. c. Raoul Francé u. K.-D. Sedlacek (Hrsg.)

– **Homöopathie und Praxis**: Naturheilkundliche alternative Medizin für den mündigen Patienten. Von: Dr. med. J. Voorhoeve u. K.-D. Sedlacek (Hrsg.)

PSYCHOLOGIE

– **Gestalt-Psychologie**: Einführung in die neue Psychologie vom Begründer der Gestaltpsychologie. Von: Prof. Dr. Kurt Koffka u. K.-D. Sedlacek (Hrsg.)

– **Die ersten Spuren psychischer Erscheinungen**: Das psychische Leben von Mikroorganismen – Eine Studie in experimenteller Psychologie. Von Alfred Binet u. K.-D. Sedlacek (Übers.)

– **Allgemeine moderne Psychologie**: Systematische Einführung in die Wissenschaft psychischer Prozesse. Von August Messer u. K.-D. Sedlacek (Hrsg.).

BIOLOGIE

– **Wie intelligent sind Pflanzen?** Sensationelle Einblicke in die geheime Seite des pflanzlichen Wesens. Von Prof. Dr. phil. Adolf Wagner u. K.-D. Sedlacek

www.ingramcontent.com/pod-product-compliance
Lightning Source LLC
Chambersburg PA
CBHW020649220526
45464CB00001B/365